W0090188

Kurt Tepperwein
Felix Aeschbacher

Mentales Intuitions-Training für Führungskräfte

Erfolgreich durch intuitives Management

via nova
Verlag Via Nova

Kurt Tepperwein
Felix Aeschbacher

Mentales Intuitions-Training für Führungskräfte

Erfolgreich durch intuitives Management

via nova
Verlag Via Nova

Redaktion:
Martina Schrenk · Titiseestraße 29 · 78628 Rottweil
Tel. (07 41) 2 90 26 28 · Fax (07 41) 2 90 26 27
E-Mail: info@go-special.com · Internet: www.go-special.com

Nacharbeiten:
Hans-Jürgen Schröter · Gennericher Str. 29 · 48329 Havixbeck
Tel. (0 25 07) 98 23 60 · Fax (0 25 07) 98 23 61
E-Mail: hjs@lebens-schule.net

1. Auflage 2008
Verlag Via Nova, Alte Landstraße 12, 36100 Petersberg
Telefon: (06 61) 6 29 73
Fax: (06 61) 9 67 95 60
E-Mail: info@verlag-vianova.com
Internet:
www.verlag-vianova.de

Umschlaggestaltung:
Stefan Hilden Produkt- & Grafik Design, München
Satz: typo-service kliem, 97647 Neustädtles
Druck und Verarbeitung: Fuldaer Verlagsanstalt, 36037 Fulda

© Alle Rechte vorbehalten
ISBN 978-3-86616-095-8

Exposé

Mentales Intuitions-Training für Führungskräfte
von Kurt Tepperwein und Felix Aeschbacher

Die Situation im Management wird immer turbulenter. Komplexere Aufgaben mit immer weitreichenderen Folgen sind in immer kürzerer Zeit zu lösen. Meist stehen dazu nur unzureichende Informationen als Entscheidungsgrundlage zur Verfügung – oder es sind zu viele Daten zu berücksichtigen, was die Lösung nicht leichter macht. Immer deutlicher zeigt sich, dass der Verstand diesen Aufgaben längst nicht mehr gewachsen ist, denn auf die wirklich wichtigen Fragen hat er keine brauchbaren Antworten. So sollten wir den Verstand loslassen von Aufgaben, denen wir ohnehin nie gewachsen waren. Der Verstand ist klug genug, seine Grenzen zu erkennen, aber nicht klug genug zu erkennen, dass inzwischen ein umfassendes Werkzeug für diese Aufgaben bereits zur Verfügung steht: Ihre Intuition.

Mithilfe der Intuition, die jedem zur Verfügung steht, können wir Wirklichkeit unmittelbar wahrnehmen und anwenden. Diese Wahrnehmung dessen, was ist, ist es, worauf es wirklich ankommt. Wir sollten zu Bewusstsein kommen. Schon heute entscheidet der Grad des Bewusstseins über unseren Erfolg.

In diesem Buch erfährt der Leser, wie er die Möglichkeiten seines Denkinstrumentes optimal ausschöpft, um den immer höher werdenden Anforderungen dieser Zeit gewachsen zu sein. Es wird gezeigt, wie man Probleme lösen oder gar vermeiden kann, indem man das rein lineare Denken überschreitet. An uns selbst erleben wir, dass unser Gehirn mehr ist als die Quelle unserer Gedanken und gespeicherten Daten – nämlich ein Empfangsinstrument für alle Informatio-

nen. Wir sind nämlich alle eingebettet in ein psychisches, energetisches Feld, in dem alles Wissen der Evolution enthalten ist. Unser Verstand macht uns dann nur noch bewusst, was wir über die Intuition erfahren haben.

„Mentales Intuitions-Training für Führungskräfte" ist ein Lesebuch und Arbeitsbuch zugleich: Mit lebendigen Übungen und zahlreichen Anweisungen begleiten die beiden Autoren den Leser, damit er diese, in jeder Hinsicht Gewinn bringende Methode nicht nur kennen lernt, sondern auch gleich praktisch anwenden kann.

Inhaltsverzeichnis

Vorwort

Sie kennen die Umstände einer verantwortungsvollen Position: Die Situation im Management wird immer schwieriger. Immer komplexere Aufgaben mit weitreichenderen Folgen sind in immer kürzerer Zeit zu lösen. Meist stehen dazu nur unzureichende Informationen als Entscheidungsgrundlage zur Verfügung – oder es gilt zu viele Daten zu berücksichtigen, was oft noch schwieriger ist. Immer deutlicher zeigt sich auch, dass der Verstand diesen Aufgaben längst nicht mehr gewachsen ist, denn auf die wirklich wichtigen Fragen hat er keine brauchbaren Antworten. So sollten wir den Verstand entbinden von Aufgaben, denen wir ohnehin nie gewachsen waren. Der Verstand ist klug genug, seine Grenzen zu erkennen, aber nicht klug genug zu erkennen, dass inzwischen ein umfassendes Werkzeug für diese Aufgaben bereits zur Verfügung steht: unsere Intuition. Mithilfe dieser Intuition, die jedem zur Verfügung steht, können wir Wirklichkeit unmittelbar wahrnehmen. Die Wahrnehmung dessen, was ist – darauf kommt es an. Das aber kann der Verstand nicht. Wahrnehmung setzt voraus, dass wir bewusst sind.

Nun glauben natürlich die Menschen, die aus dem Verstand leben, dass sie bewusst handeln oder bewusst entscheiden, doch dieses Bewusstsein hat eine andere Bedeutung; es ist eine Art Tagesbewusstsein. Wir können ein ganz anderes Bewusstsein kennen lernen, ein viel umfassenderes Bewusstsein: das Bewusstsein, das wir in Wirklichkeit sind. Denn schon heute entscheidet der Grad des Bewusstseins über den Erfolg. Diese bewusste Führungskraft der Zukunft wartet in jedem von uns darauf, hervortreten zu dürfen. Sind Sie bereit? Wir wünschen Ihnen viele Erkenntnisse und viel Erfolg.

Mental-Training ist ...

*... ein uraltes Geheimwissen, ein Universalschlüssel
zu Ihrem inneren, geistigen Potential.*

— — —

*... ein Werkzeug, mit dem wir
mit verhältnismäßig geringem Aufwand unsere Aufgaben lösen
und unsere Wünsche und Ziele erreichen können.*

— — —

*... ein geistiges Werkzeug, mit dessen Hilfe wir
unsere Lebensaufgabe
und den Weg zur Erfüllung kennen lernen.*

Mentales Intuitions-Training – das optimale geistige Werkzeug

Was würden Sie sagen, wenn Ihnen jemand einen Zauberstab gäbe, mit dem Sie alle unerwünschten Situationen in Ihrem Leben jederzeit sofort verändern könnten? Würden Sie sich trauen, ihn anzunehmen und davon Gebrauch zu machen? Nun – Sie haben diesen Zauberstab bereits, Sie sind damit geboren worden. Aber nur wenige von uns erkennen, was sie da zur Verfügung haben.

Der Mensch besitzt etwas, was die übrige Natur nicht besitzt: die Fähigkeit zu denken, die Fähigkeit zur Imagination und die Fähigkeit, etwas zu glauben. Mit diesen unbegrenzten Möglichkeiten bestimmen Sie Ihr Schicksal. Auch wenn es sich phantastisch anhört, worüber wir hier sprechen, es ist die Wirklichkeit. Und es ist völlig gefahrlos, davon Gebrauch zu machen. Sie sollten aber wissen, dass genau das eintritt, was Sie verursachen. Denn alles, was Sie denken können, können Sie auch erreichen.

Sie sind der Schöpfer – und was immer ein Schöpfer in Gewissheit denkt, muss in Erscheinung treten. Wenn wir aus tiefstem Herzen wirklich glauben können, dass etwas in Zukunft erscheinen wird, was wir uns wünschen, dann aktiviert dies die schöpferische Kraft in uns und zwingt die Energie, die gewünschte Form anzunehmen. Der größte Irrtum des Menschen ist seine Überzeugung, dass es andere Ursachen für sein Schicksal gibt als seinen eigenen Bewusstseinszustand, was er über sich selbst und seine Zukunft denkt.

Fülle ist ein natürliches Gesetz des Universums. Die Natur ist überall geradezu verschwenderisch großzügig. Und doch ist es ebenso offensichtlich, dass es vielen nicht gelingt, an dieser Fülle teilzuhaben, weil sie ihre innere Überzeugung damit nicht in Übereinstimmung bringen können. Viele Menschen haben in ihrem Bewusstsein ein Bild von Mangel, fühlen sich nicht wirklich wert, an der Fülle der Schöpfung teilzuhaben. Sie sehen unbewusst das Gegenteil von dem, was sie wirklich haben wollen.

Nun bleibt uns allen die Wahl, entweder als geistiger Hilfsarbeiter durchs Leben zu gehen, als Handwerker, der seine Sache versteht, oder eben als Künstler, der aus seinem Leben ein Kunstwerk macht. Wenn Sie sich für Letzteres entschieden haben, brauchen Sie hierfür jedoch optimale geistige Werkzeuge, denn mit unzureichendem Werkzeug kann der beste Künstler kein Kunstwerk schaffen.

Ein solch optimales geistiges Werkzeug ist das mentale Intuitions-Training. Mit Hilfe des Mental-Trainings sind wir nicht mehr auf den Zufall angewiesen. So gibt es nicht mehr Glück oder Pech, sondern wir nehmen unser Schicksal selbst in die Hand und bestimmen alle Lebensumstände selbst. Mit diesem geistigen Werkzeug gelingt es uns, gleich alle Ebenen unseres Lebens mit zu beeinflussen:

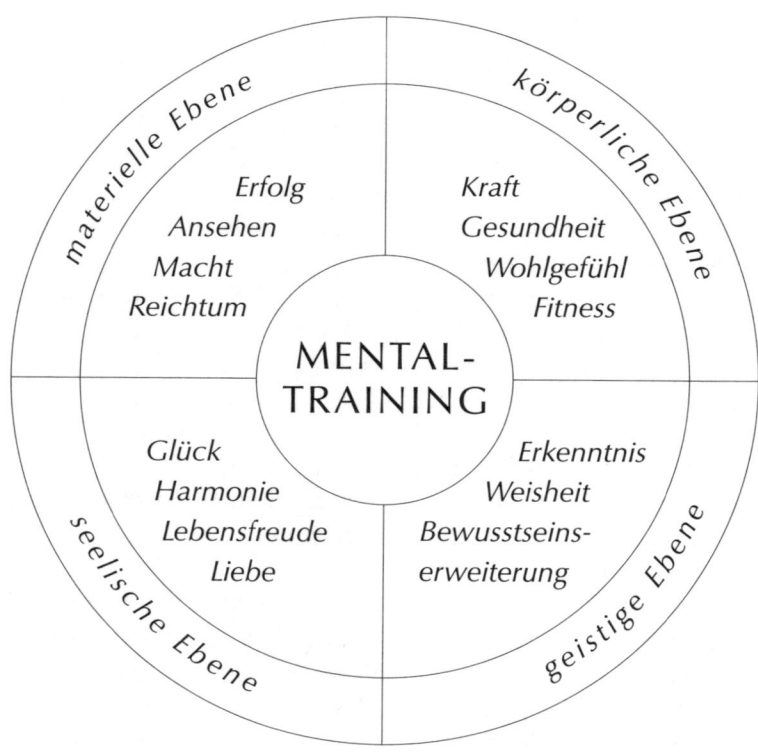

Auf der materiellen Ebene treten Erfolg, Ansehen und Reichtum in Erscheinung. Auf der körperlichen Ebene ernten wir Gesundheit, Wohlgefühl, Kraft und sportliche Fitness. Auf der seelischen Ebene erwarten uns Lebensfreude, Harmonie, Glück und Liebe, und auf der geistigen Ebene gewinnen wir an Bewusstsein, Erkenntnissen und Weisheit.

Das mentale Intuitions-Training ist ein geistiges Werkzeug, das absolut zuverlässig funktioniert. Was nicht immer so zuverlässig funktioniert, ist der Mensch. Deshalb ist es auch so wichtig, dass wir uns selbst optimieren.

Machen Sie sich einmal bewusst: Sie sind ein Gewinner – Sie können gar nicht verlieren. Das ganze Leben, Ihre Umstände, Ihr Umfeld, alles, was ist, will Ihnen nur dienen und helfen. Alles ist für Sie da, bis Sie wieder einmal gewonnen haben. Wenn Sie beginnen, Ihr Denken zu beherrschen, wenn Sie Meister Ihrer Gedanken geworden sind, sind Glück und Wohlstand auf allen Ebenen möglich. Wir wünschen Ihnen viel Freude mit diesem geistigen Werkzeug!

Die Ursache des Erfolgs
und unsere Überzeugungen

Der Großteil der angeblichen Markt- und Konjunkturprobleme ist hausgemacht, weil man immer noch versucht, die Aufgaben von morgen mit den Werkzeugen von gestern zu lösen. Das ist längst nicht mehr möglich. Trotzdem wird es tagtäglich immer wieder mit dem gleichen unzureichenden Ergebnis versucht. Im Taoismus heißt das *die Gestaltung der ersten Ursache.* Das heißt, je komplexer und scheinbar unübersichtlicher die Situation wird, umso dringender sollte man die Ursache hinter der Vielzahl der Wirkungen erkennen und verändern: *das Bewusstsein.*

Von diesem Bewusstsein aus – und wirklich nur von hier aus – sollten die Entscheidungen kommen. Denn so werden Entscheidungen nicht mehr (übers Knie) *gefällt*, sondern (wie einen Freund) *getroffen*. Später stellt sich heraus, dass diese Entscheidungen wirklich stimmen. Mind-Management und Mental-Training sind dazu unverzichtbare Werkzeuge dieser neuen Führungskräfte. Die sicherste Form der Zukunftsprognose ist immer noch, diese Zukunft selbst zu gestalten. Es ist sicher nicht falsch, etwas für seinen Körper zu tun und ihn fit zu halten, aber noch weitaus wichtiger ist es, für seine mentale Fitness zu sorgen, und der nächste Schritt wäre dann eben, sich als Bewusstsein zu erkennen und als Bewusstsein zu leben. Denn wir sind tagtäglich gezwungen, Entscheidungen zu treffen, die weiter reichen als unser Wissen. Die Auswirkungen von Fehlentscheidungen werden immer weitreichender und katastrophaler. Wer nur das tut, was die Zeit gerade von ihm verlangt, hinkt immer der Zeit hinterher. Die Zukunft wird in der Gegenwart entschieden – und bisher eben nur allzu oft mit den Werkzeugen der Vergangenheit. Lassen Sie es uns einmal ganz provokativ ausdrücken, damit es hängen bleibt: Denken ist immer ein Zeichen mangelnder Intelligenz. Es zeigt, dass man noch nichts Besseres gefunden hat. Es ist natürlich besser, man denkt, als dass man nicht denkt, aber irgendwann gilt es zu erkennen, dass es das Werkzeug von gestern ist. Es ist längst an seine Grenzen gestoßen und den Aufgaben von heute einfach nicht mehr gewachsen. Worauf es ankommt, ist, die Fähigkeit zur *Wahrnehmung der Wirklichkeit* zu trainieren. Ansonsten leben wir nur die Vorstellungen unserer Zukunft und nicht die Zukunft, wie sie sein könnte. Dies bedeutet auch, dass wir nicht mehr versuchen sollten, auf eine Situation zu *reagieren,* sondern dass wir die Situation *schaffen,* die wir brauchen. Dann wird Management auch zum Weg der Selbstverwirklichung und der Erfolg wird zur Erfüllung.

Wir erkennen also, dass nicht zeitgerecht geführt wird. Wenn wir auf vorhandene Situationen reagieren, wenn wir uns bemühen, auf Gegebenheiten immer flexibler zu *re*agieren, dann bestimmen wir ja mit der Vergangenheit die Zukunft. Das ist nicht sehr sinnvoll. Es kommt vielmehr darauf an, zukunftsorientiert zu *agieren.* Das heißt, ganz bewusst – im Einklang mit der Zukunft – die Umstände und den Erfolg zu bestimmen. Wenn wir die Zukunft erkennen, können wir zukunftsorientiert agieren. Wir können also nicht aus der Vergangenheit (oder bestenfalls aus der Gegenwart) mit der Erfahrung der Vergangenheit die Zukunft erkennen. Dazu brauchen wir ein anderes Instrument – und dazu ist der Verstand nicht in der Lage. Wir wissen also: Der Verstand stützt sich auf Erfahrungen. Doch Erfahrungen sind immer Erkenntnisse aus der Vergangenheit. Wenn wir also in den Grenzen des Verstandes bleiben, dann bestimmt letztlich die Vergangenheit die Zukunft. Und so sieht sie dann auch aus.

Alle Umstände, die uns umgeben, sind unsere eigene Kreation.
Unsere Umstände werden durch unsere Überzeugungen geschaffen.

Machen wir uns einmal bewusst, wie Realität entsteht. Wir glauben nämlich, dass Realität etwas Vorhandenes ist und dass wir durch unsere Erfahrungen eben dieser Realität zu bestimmten Überzeugungen kommen und dann aus dieser Erfahrung heraus die Realität vielleicht gestalten oder verändern. Tatsache ist (Sie können das leicht nachprüfen), dass unsere Überzeugungen unsere Erfahrungen bedingen – und damit die Realität, die wir vorfinden. Das heißt, ein wichtiger Faktor ist die Überprüfung unserer eigenen Überzeugungen, unserer Kernglaubenssätze.

In der Bibel heißt es an einer Stelle: „Einem jedem geschieht nach seinem Glauben." Wir kennen diesen Satz, aber wir verweisen ihn in den Bereich des Religiösen. Diese Worte sind jedoch keine Glaubensfrage, es handelt sich dabei um ein geistiges Gesetz. Moderner würden wir sagen, Überzeugungen bestimmen die Erfahrungen der Realität. Das heißt, dort sitzt die erste Ursache für das, was kommt. Dort müssten wir auch die Änderungen vornehmen. Das heißt, wir müssten in Zukunft fragen, welche Überzeugungen wir brauchen, um die Zukunft zu erschaffen, die wir haben möchten. Jetzt gilt es, aus der Zukunft heraus zu denken: Das heißt, wir sollten uns zunächst einmal bewusst machen, welche Zukunft wir erleben wollen. Dann gehen wir von der erwünschten Zukunft aus: Welche Überzeugungen brauchen wir in der Gegenwart, um diese erwünschte Zukunft zuverlässig zu verursachen?

Zukunft, die ich als Führungskraft erleben will, ist zum Beispiel ein florierendes Unternehmen. Also stellen Sie es sich vor. Wie würde Ihre Firma jetzt idealerweise dastehen? Was wäre die optimale Vision Ihrer Firma? Was wäre, wenn alle Probleme Ihrer Firma (wie von Zauberhand) sofort gelöst wären?

Es ist doch relativ einfach, sich einen solchen Idealzustand vorzustellen. Gehen Sie einmal ganz in diese Energie herein, spüren und fühlen Sie die höchste Vision Ihrer Firma in der jetzigen Situation. Versenken Sie sich in dieses Bild, bis wirklich Freude aufkommt, bis Sie Begeisterung empfinden, bis Sie in sich spüren: Genau so sollte es jetzt sein!

Diese Übung ist keine Übung für den Verstand, sondern für das Herz. Hier ist nicht Ihre Ratio gefragt, sondern Ihre Intuition.

Wenn Sie in diesem Einklang sind, dann gehen Sie im zweiten Schritt energetisch wieder in das Realbild Ihrer Firma. Spüren Sie den Unterschied! Um diese Übung zu vertiefen, können Sie auch mehrfach zwischen Realbild und Idealbild umschalten.

Der Sinn der Übung ist es, dass Sie dann im dritten Schritt erkennen, beide Bilder (Real- und Idealbild) entsprechen unterschiedlichen Energien – und entsprechen unterschiedlichen Überzeugungen. Fragen Sie sich also: Welche Überzeugung entspricht dem Realbild, und welche Überzeugung brauchte ich, um das Idealbild hervorzurufen? Was muss ich jetzt in meiner Überzeugung ändern, damit das Idealbild meiner Firma Wirklichkeit werden kann?

Für Ihren konkreten Fall mit Ihrer konkreten Firma in Ihrer konkreten Situation kann der Wechsel von Überzeugungen kaum an Beispielen dargestellt werden. Eine könnte aber z.B. sein, dass Sie erkennen: Im Idealbild habe ich eine hohe Meinung von meinen Mitarbeitern, ich schätze sie sehr und bringe ihnen diese Wertschätzung auch entgegen. Im Realbild erkenne ich: Ich betrachte meine Mitarbeiter als Kostenfaktor, misstraue ihnen, delegiere zu wenig usw.

Während dieser imaginativen Übung können Sie erkennen, welche Überzeugungen notwendig sind, damit Ihre Firma in einen optimalen Zustand kommt.

Ein solches Vorgehen mag ungewohnt sein, aber wenn Sie danach handeln, werden Sie feststellen, dass es funktioniert – und zwar zuverlässig. Auf diese Weise entsteht Realität. Wir können also nicht anders als umzudenken. Denn wenn wir etwas verändern wollen, dann sollten wir auch unser Bewusstsein und unsere Bewusstseinsinhalte verändern, das, was wir glauben, sowie unsere geliebten Kernglaubenssätze. Überzeugungen, die bisher unantastbar schienen. Glaubenssätze, die uns so selbstverständlich sind, dass wir darüber gar nicht nachzudenken brauchen. Viele dieser Überzeugungen erweisen sich bei näherem Hinsehen eben als verkehrt. Wir können also sagen: Optimales Management ist in erster Linie optimales Selbstmanagement. Wir sollten uns als Werkzeug optimieren, denn von uns gehen die Impulse aus, die die Zukunft gestalten. Wir können eine Firma auch nur so gut managen, wie wir selbst sind.

Wir sind die erste Ursache für unsere Erfolge
und unsere Vorstellungen führen zu dem, was wir später erleben.

So stoßen wir auch immer wieder auf die gleiche Problematik: Wir haben ungeeignete Mitarbeiter, inkompetente Vorgesetzte, harte Konkurrenz oder ungünstige Marktbedingungen. Weil wir das erfahren, verstärkt das unsere Überzeugungen – und weil wir dieser Überzeugung sind, machen wir diese Erfahrungen. Damit bleiben wir zuverlässig in diesem Kreislauf. Unsere Überzeugungen erzeugen das, was wir dann erfahren. Irgendwann erkennen wir: Es dreht sich alles ständig nur im Kreis. Vielleicht sind es neue Mitarbeiter, neue Produkte, aber die MUSTER bleiben die gleichen.

Diesen Kreislauf können wir durchbrechen, indem wir erkennen, dass wir unsere Überzeugungen frei wählen können. Neue Überzeugungen erzeugen neue Muster, neue Muster erschaffen eine andere Wirklichkeit. Wenn wir unsere Zukunft verändern wollen, dann gilt es etwas zu verändern, denn wenn wir bei den bisherigen Überzeugungen bleiben, wird die Zukunft auch entsprechend aussehen; sie wird so bleiben wie bisher. Das heißt, die Firma, die Mitarbeiter und der Markt sind Spiegel unserer Überzeugungen.

Genauso gut können wir also umgekehrt fragen:

Welche Überzeugungen sollte ich haben, damit meine Firma so ist, wie sie ist?

_____

_____

_____

Welche Überzeugungen sollte ich haben, damit meine Firma so ist, wie sie sein sollte?

_____

_____

_____

Manche Überzeugungen erkennen wir erst auf den zweiten Blick.
Jetzt kommt eine Schwierigkeit hinzu: Viele Überzeugungen sind transparent, das heißt, dass wir uns sehr schwer damit tun, sie zu erkennen. Sie sind für uns so undurchsichtig, dass wir gar nicht merken,

wie wir von ihnen beeinflusst werden. Sie scheinen nicht da zu sein, dennoch wirken sie wie eine Glasscheibe, gegen die man läuft: Man sieht nichts, aber man kommt auch nicht weiter. Viele Überzeugungen haben Konsequenzen, die wir gar nicht anstreben. Zum Beispiel meinen viele von uns: „Nur schlechte Menschen kommen zu Reichtum in dieser Welt." Wenn wir dieser Überzeugung sind, sollten wir einmal weiterdenken: „Ich bin ja kein schlechter Mensch, also kann ich zu nichts kommen. Denn käme ich zu etwas, dann wäre ich ja ein schlechter Mensch." Schon sitzen wir in der Falle! Hier handelt es sich um Überzeugungen oder Glaubenssätze, die für uns nicht durchschaubar sind. Wir bemühen uns redlich vorwärtszukommen, während sich unser Erfolg in engen Grenzen hält. Auf der anderen Seite glauben wir, dass die Umwelt, der Neid oder die Hinterlist der anderen, die harte Konkurrenz oder die ungünstigen Marktbedingungen schuld daran sind, dass wir zu nichts kommen. In Wirklichkeit aber sind es unsere Überzeugungen, die genau das erschaffen.

Deswegen – geben Sie sich ausreichend Zeit dafür: Überprüfen und ändern Sie Ihre Überzeugungen! Machen Sie sich zuerst Ihre Überzeugungen bewusst. Notieren Sie alles, was Ihnen dazu einfällt, und ergänzen Sie Ihre Liste von Zeit zu Zeit. Sie werden auf Anhieb nämlich längst nicht alle Überzeugungen erwischen, eben weil viele transparent sind.

Meine Überzeugungen:

_____

_____

_____

_____

Meine unbewussten Überzeugungen:

_____

_____

_____

_____

Schauen Sie zuerst einmal auf das, was Sie erleben. Wie ist das Betriebsklima in Ihrer Firma? (Das Betriebsklima ist eine Realität, die verändert bzw. neu gestaltet werden kann.) Was wir als Realität erleben, zeigt uns nur, welche Ursachen wir in der Vergangenheit gesetzt haben. Wenn Sie Ihren unbewussten Überzeugungen auf die Spur kommen möchten, können Sie sehr gut von der momentanen Realität ausgehen. Schauen Sie sich Ihre Situation an und schauen Sie dann dahinter: Wenn das Ihre Realität ist, die Sie tagtäglich erleben – welche Überzeugungen sind dann vermutlich vorhanden, damit diese Situationen entstehen können?

Das heißt, aus der Wirkung der Überzeugung können wir auch unbewusste Überzeugungen erkennen.

Sobald Sie Ihre Überzeugungen kennen, können Sie damit beginnen, zukunftsorientiert zu handeln. Welche Zukunft möchten Sie denn gerne haben? Wie sollte die Situation Ihrer Firma aussehen? Welches Betriebsklima brauchen Sie? Welche Kompetenz der Mitarbeiter brauchen Sie? Machen Sie sich von den verschiedenen Aspekten Ihrer gewünschten Zukunft ein Bild. Damit schaffen Sie das Fundament Ihrer Vorstellungen. Sie stellen sich etwas vor, was noch nicht ist – eine Realität, die Sie sich wünschen. Von dieser gewünschten Zukunft aus, die noch nicht Realität ist, schaffen Sie sich Ihre Überzeugungen.

Fragen Sie sich zunächst einmal: Wenn das die erwünschte Realität Ihrer Zukunft ist – welche Überzeugungen braucht es in der Gegenwart, um diese erwünschte Zukunft zu verursachen? Schaffen Sie sich nun wieder die entsprechenden Überzeugungen.

Das Geheimnis des Erfolgs ist, von der Zukunft aus zu denken

Dabei sollten wir erkennen, dass wir Überzeugungen jederzeit frei wählen können. Bisher haben wir es vermutlich gerade andersherum gemacht: Normalerweise gehen wir von unseren Erfahrungen aus und schaffen daraus unsere Überzeugungen. Damit beginnen wir meistens schon früh in der Kindheit. Da diese Überzeugungen wiederum Ursachen sind, machen wir auch immer wieder die gleichen Erfahrungen. Diese werden laufend verstärkt, und im Laufe eines Lebens bekommen wir somit immer mehr Lebenserfahrung und merken gar nicht, dass wir uns in einem Gefängnis befinden. Eine erneute Erfahrung verstärkt unsere Überzeugung und diese verstärkte Überzeugung schafft wieder Erfahrung. Danach meinen wir zu wissen, was Realität ist, wie die Welt aussieht. Wir glauben, wir kennen uns aus und man könne nun mal vom Leben nicht alles haben, was man möchte, und die Dinge liefen nun mal nicht immer so, wie man sie gerne hätte. Doch genau mit diesen Überzeugungen verhindern wir eine andere Realität. Kehren wir also das Ganze um und denken von der Zukunft aus. Die Weisen aller Kulturen sagen immer wieder: Das Geheimnis des Erfolgs ist es, von der Zukunft aus zu denken. Wenn wir nämlich von der Gegenwart aus denken, gibt es hundert mögliche Wege und davon treffen nur wenige das Ziel. Wenn wir von der Zukunft aus denken, führt jeder Weg zum Ziel.

Versetzen Sie sich also in Ihrer Vorstellung in eine erwünschte Zukunft, erleben Sie in Ihrer Imagination die Situation so, wie Sie sie haben wollen, und machen Sie Ihre Zukunft zur Gegenwart. Schauen Sie von dieser erwünschten Zukunft aus: Wie kommt man hierher? Jetzt führt jeder Weg ans Ziel. Es ist also wichtig, vom Ziel aus zu denken – und mehr noch: Nehmen Sie die gewünschte Situation mit all Ihren Sinnen wahr.

Wenn Sie wahrnehmen, können Sie an den Ursachen die noch nicht in Erscheinung getretene Zukunft erkennen. Das verhält sich etwa so, wie wenn Sie Blumen gesät haben und der Samen noch nicht keimt. Sie können nachsehen, was unter der Erde liegt – und Sie sind sich sicher, dass es kommt. Das Instrument dafür ist Intuition.

Nutzen Sie Ihre Intuition!

Eine große Schwierigkeit besteht darin, dass der Verstand kaum eine Chance hat, mit der Intuition in Kontakt zu kommen. Deswegen nennen wir auch alles Mögliche Intuition: ein Gefühl oder ein Näschen für etwas haben, ein Kribbeln im Magen haben, einen Einfall bekommen...

Doch allzu oft handelt es sich bei uns um eine Überlegung. Durch sein ständiges Denken blockiert der Verstand die Leitung für den Empfang von Intuition. Deswegen werden die wesentlichen Erfindungen auch nicht in der Firma gemacht, sondern in der Freizeit, wenn man Golf spielt, unter der Dusche steht... oder eben gerade mal nicht denkt. In einem glücklichen Augenblick ist die Leitung frei und eine Intuition kann uns ein*fallen*.

Meist sind wir überglücklich über einen Einfall, weil wir uns nicht alles ausdenken müssen. Denken basiert ja auf unseren Erfahrungen (also aus den Ereignissen der Vergangenheit), deshalb kann es sich nicht darüber hinaus erheben... es kann nur fantasieren. Dabei ruft uns der Verstand aber meist ganz schnell zur Ordnung und bedeutet uns, doch lieber auf dem Boden der Tatsachen zu bleiben. Damit sind wir dann wieder in der Vergangenheit und schaffen die Zukunft aus den Erfahrungen der Vergangenheit. Sobald wir also einen Weg gefunden haben, den Verstand zu überschreiten, können wir wirklich zukunftsorientiert handeln. Genau das sollten wir uns grundsätzlich angewöhnen zu tun.

Die Vorgehensweise ist relativ einfach:
1. Machen Sie sich bewusst, welche Zukunft Sie gerne hätten.
   Was brauchen Sie dazu?
   Welches Produkt hätten Sie gerne?
   Welche Mitarbeiter?

2. Lassen Sie sich nicht von Ihrem Verstand reinreden, der Ihnen etwas über die Wahrscheinlichkeit erzählt. Hier geht es nicht um Wahrscheinlichkeiten, sondern um absolute Gewissheit: Wenn Sie diesen Samen säen, wächst diese Pflanze! Selbst wenn das bestellte Feld so aussieht wie jedes andere – wenn Sie die Ursachen wahrnehmen, wissen Sie zuverlässig, was dabei herauskommt.

3. Wenn Ihnen diese Wirkungen nicht gefallen, d. h., wenn Sie in die Zukunft schauen und sehen, dass das, was auf Sie zukommt, Ihnen nicht gefällt, dann können Sie in der Gegenwart (solange diese Zukunft noch nicht in Erscheinung getreten ist) die Ursachen ändern. Das heißt, wenn Sie falsche Samen angesät haben, pflügen Sie das ganze Feld noch einmal um und säen neu.

Sie alleine bestimmen, was auf Sie zukommt. Durch die entsprechenden Überzeugungen können Sie sich nämlich auch „resonanzfähig" machen. Resonanzen sind die energetische Seite von Überzeugungen. Jede Überzeugung entspricht einer Schwingung (Sie haben dies in der Übung erfahren, in der Sie vom Idealbild zum Realbild umgeschaltet haben). Jede Schwingung zieht etwas an oder stößt etwas ab. Schwingungen, die in Resonanz sind, verstärken sich gegenseitig. Wenn Sie sich „resonanzfähig" machen wollen, dann nehmen Sie die Schwingungsfrequenz an, die Sie anziehen wollen. Überzeugungen sind Ursachen und Ursachen ziehen zuverlässig die entsprechenden Wirkungen an. Wenn Sie also bisher eher ungeeignete Mitarbeiter gefunden haben, dann könnten Sie ganz gezielt diese eine Überzeugung jetzt ändern, indem Sie eine Zukunftsprojektion machen.

Ein Beispiel:
Stellen Sie sich einmal vor, wie die Situation in Ihrer Firma wäre, wenn Sie die geeigneten Mitarbeiter hätten. Ein Stamm von Leuten, die kompetent und ehrgeizig sind, die eine Vision haben und zusammen eine Gemeinschaft (und somit ein gutes Betriebsklima) bilden.
Jetzt wissen Sie natürlich auch, wo die Ursache sitzt: Der eine Chef hat die Erfahrung gemacht, dass die Leute nun mal hinterhältig sind und dass sie sich gegenseitig bekriegen. Damit zieht er genau solche

Mitarbeiter an. Ein anderer Chef, der von allen beneidet wird, hat scheinbar Glück: Der hat ein Händchen für alles und findet irgendwie immer die richtigen Leute. Man erkennt es gar nicht von Anfang an, dass es die richtigen Leute sind, aber die entwickeln sich immer prächtig und gliedern sich ein, bilden ein Team, eine Gemeinschaft, die einem Ziel zustrebt. *Der Unterschied liegt in den Ursachen, in den Glaubenssätzen und in den Überzeugungen.*

Wenn Sie es sich wert sind, dann könnten Sie sich jetzt einmal eine solche Überzeugung schaffen. Machen Sie sich zuerst einmal bewusst, wer Sie sind. Das ist für viele von uns schon eine kleine Hürde. Wenn wir den Verstand überschreiten wollen, sollten wir erkennen: Ich bin nicht der Verstand.

Vielleicht sagen Sie ja von sich: „Ich habe einen brillanten Verstand." Wer sagt das? Der Verstand kann ja nicht von sich aus sagen, er habe einen brillanten Verstand, also ist da jemand, der Besitzer eines brillanten Verstandes ist.

Sie sagen auch *„Ich habe einen gesunden Körper"* oder *„Ich habe starke Gefühle, Emotionen"* oder *„ich habe eine profilierte Persönlichkeit"*. Offensichtlich ist da immer jemand der Eigentümer, der davon spricht. Wer ist dieser Unbekannte, dem dieser Verstand, diese Gefühle, diese Persönlichkeit gehören? Das sind Sie. Sie brauchen sich nur einmal bewusst zu machen, wer im Moment auf Ihrem Stuhl sitzt. Wie würden Sie diesen bezeichnen? Als *Ich*? Doch wer ist *Ich*? Ist es Ihr Körper? Doch wer ist der, der sagt: *„Auf diesem Stuhl sitzt mein Körper?"*

Das ist Bewusstsein.

Das ist für die meisten Menschen nicht sichtbar und nicht fassbar. Aber es ist der Handelnde. Es ist der, der die Realität bestimmt. *Sie (!) sind Bewusstsein.* Dieses Bewusstsein hat einen Körper, aber es ist nicht an diesen Körper gebunden (beim Schlafen verlassen Sie diesen Körper). Sie haben einen Verstand, Sie haben Ihre Erfahrungen und Ihre Überzeugungen. Aus dieser Sicht der Selbstidentifikation können Sie allmählich erkennen, dass Sie Ihre Überzeugungen frei wählen können. Wenn Sie Ihre Überzeugungen frei wählen können und diese nicht mehr von Ihren Erfahrungen abhängig sind, dann könnten Sie ja jetzt die *geeigneten* Überzeugungen wählen.

Machen wir uns unsere Freiheit bewusst: Wir können unsere Überzeugungen frei wählen. *Ich* ist nicht mehr Verstand, Körper, Persönlichkeit, Name, Rang, Titel, Ego oder Gefühl, sondern *Ich-bin-Bewusstsein*. Ich-bin-Bewusstsein, das einen Körper, einen Verstand, ein Gemüt hat. Das sind meine Werkzeuge. Ich aber bin der, der diese Werkzeuge benutzt, und ich bin der, der die Überzeugungen bestimmt.

Das heißt, jetzt, wo wir das erkannt haben, können wir uns ab sofort *brauchbare* Überzeugungen schaffen.

- Dazu machen wir uns zunächst unsere bisherigen Überzeugungen bewusst, und…

- …wenn sie uns nicht gefallen, entfernen wir sie und ersetzen sie durch ideale Überzeugungen.

Zukunftsorientiertes Handeln

Am Anfang wissen Sie wahrscheinlich noch nicht so genau, welche Überzeugungen Sie brauchen. Welche Zukunft hätten Sie denn gerne? Machen Sie sich eine Projektion Ihrer erwünschten Zukunft: Firma, Mitarbeiter, der zukünftige Zustand. Welches Produkt würden Sie gerne anbieten? Denken Sie dabei bitte nicht daran, woher Sie dieses Produkt bekommen sollen, wenn es vielleicht noch gar nicht existiert. Vielleicht erschaffen Sie dieses Produkt ja gerade!

Machen Sie sich bewusst, wie dieses Produkt Ihre Marktsituation entscheidend verbessern kann, und fragen Sie sich: Wenn (...) die erwünschte Zukunft ist, welche Überzeugung brauchen Sie dann in der Gegenwart, um diese gewünschte Zukunft zu verursachen? Damit schaffen Sie Raum für das kreative Potential zur Schaffung dieses Produktes bzw. einer bestimmten Situation. Bewusst lebende Menschen verlassen sich dabei z. B. absolut auf den Zufall, weil sie wissen, dass der Zufall kein Zufall ist. Zufall geschieht nach absoluten Gesetzmäßigkeiten. Einem jeden fällt das zu, was aufgrund seines Soseins zu ihm gehört und wofür er resonanzfähig ist. Einem sogenannten Pechvogel kann man eine Goldgrube schenken und sicher sein, dass sie absäuft. Es gibt Menschen, die können anfassen, was sie wollen, und es läuft mit Sicherheit schief, auch wenn die Situation anfangs noch so günstig für sie aussieht.

Ein anderer dagegen bezeichnet sich als ein Glückskind. Dieser weiß von sich: Auch wenn es noch so unwahrscheinlich scheint, wenn er etwas anpackt, dann gelingt es zuverlässig.

Schauen wir einmal dahinter und fragen uns, wie das kommt. Kann der liebe Gott den einen oder anderen von uns vielleicht nicht leiden? Gibt es Lieblingskinder? Gibt es Menschen, die vom Himmel für irgendetwas bestraft werden? Nein, wir schaffen uns unser Schicksal selbst. Schicksal wird nicht von irgendwem geschickt und es gibt auch keine Schicksalsverteilungsstelle. *Schick*sal müsste eigentlich *Mach*sal heißen, weil wir unser Schicksal selber machen. Wir schaffen es durch unsere Überzeugungen. Wenn wir von etwas voll überzeugt sind, schaffen wir es auch, und wenn wir davon überzeugt sind, dass wir es nicht schaffen, haben wir keine Chance. Einem jeden geschieht nach seinem Glauben.

Lassen Sie uns eine Gesetzmäßigkeit festhalten: Ob wir davon überzeugt sind, dass etwas klappt oder nicht – wir behalten in beiden Fällen Recht. Das gilt natürlich genauso für dieses Buch: Ob Sie glauben, es stimmt, was Sie lesen, oder nicht… Sie behalten in beiden Fällen Recht, denn es ist Ihre Überzeugung. Mit Ihren Überzeugungen erleben Sie dann Ihre entsprechenden Erfahrungen („… das habe ich mir doch gleich gedacht!" usw.) und Sie merken nicht, dass Sie selber die Ursache dafür sind.

Also schaffen Sie sich die richtigen Erfahrungen und bestimmen Sie diese aus der Zukunft. Das versteht man unter zukunftsorientiertem Handeln. Sie denken sich die Zukunft aus, machen sich bewusst, welche Vorstellungen Sie brauchen, um diese Zukunft zu verursachen, wählen die Überzeugungen (als Bewusstsein können Sie diese Überzeugungen frei wählen) und machen dann die Erfahrung der erwünschten Realität.

So entsteht Zukunft. Wenn man genau hinschaut, erkennt man, dass auch eine Firma „Charakter" und eine „Persönlichkeit" hat. Im Prinzip verhält es sich bei einer Firma wie bei einem Patienten: Sie können (wie bei einem Patienten) Symptome abstellen, indem Sie überall nur auf die Situationen reagieren. Wenn Sie die Botschaften der *Symptome* beachten, also die *Ursachen hinter den Symptomen verstehen*, können Sie die Firma wirklich heilen. Denn die Ursachen können Sie verändern, indem Sie Ihre Überzeugungen verändern.

Und so ist die Führungskraft der Zukunft in der gleichen Rolle wie der Arzt: Er bringt seine Persönlichkeit mit ein und sollte deshalb ins höhere, heilsame Bewusstsein gekommen sein. Dann hat er die Möglichkeit, das Genie in sich zu wecken (das in jedem von uns steckt) und aus der Intuition zu leben. Dies ist die einzige Möglichkeit, zuverlässig zukunftsorientiert zu handeln. Damit gewinnt er auch die Freiheit, seine Entscheidungen bewusst zu treffen.

Halten wir also fest: Für die neuen Führungskräfte ist es weniger wichtig, *wie* sie ihre Aufgabe lösen, sondern vielmehr, *als wer* sie diese Aufgabe lösen. Das heißt: Wenn Sie die Konsequenz aus diesem Buch ziehen, können Sie nicht anders, als jetzt in diesem Augenblick Ihre Identifikation zu wechseln. Es gilt zu erkennen: „Ich bin gar nicht der Verstand oder die profilierte Persönlichkeit, mein Körper, meine Eigenschaften." Das sind alles nur Eigenschaften, die Sie angenommen haben. Sie sind Bewusstsein. Denn erst die Selbstidentifikation erschließt das volle Potential der Intuition, die in jedem Menschen schlummert, und erschließt damit das Wissen hinter dem Wissen.

Wir können uns jederzeit in das Informationsfeld des All-Bewusstseins einschalten und damit ständig empfangsbereit sein für die Intuition. Die einzige Voraussetzung dafür ist, dass wir unseren Verstand überschreiten. Wenn wir in der Identifikation mit dem Verstand bleiben, dann ist die Leitung für Intuition besetzt und wir bleiben in den Grenzen unserer Erfahrungen, denn der Verstand kann nur aus seiner Erfahrung handeln. Damit handeln wir dann vergangenheitsorientiert und nicht zukunftsorientiert.

Für den modernen Unternehmer ist es weniger wichtig,
wie er seine Aufgabe löst,
sondern vielmehr, als wer er seine Aufgabe löst.

Wecken Sie das Genie in sich!

Auch unser Intelligenzquotient kann innerhalb weniger Wochen erstaunlich gesteigert werden, wenn wir die Möglichkeiten des Bewusstseins nutzen. Wenn der Benutzer des Denkinstrumentes sich *seiner selbst bewusst ist* – wenn also „der Chef" erwacht ist, beginnt er, sein geistiges Potential wieder in Besitz zu nehmen. Auch der Kreativitätsquotient kann sich innerhalb ganz kurzer Zeit vervielfachen. Beides zusammen führt wiederum zu einer ungewöhnlichen Steigerung des Erfolgsquotienten, der für jeden sichtbar wird. Dies ist der Weg, das Genie in sich zu wecken und zu erkennen, dass Genialität eine ganz natürliche Fähigkeit eines jeden Menschen ist. Wir sollten nur lernen, uns für bestimmte Ereignisse resonanzfähig zu machen und für unerwünschte Ereignisse nicht mehr resonanzfähig zu sein.

Resonanzfähig werden wir durch unsere Überzeugungen. Stellen Sie sich das so vor: Sie sind ein Sender. Ihre Überzeugungen sind ein Energiepotential, das Sie ausstrahlen, und zwar auf einer ganz bestimmten Frequenz.

Diese bestimmte Frequenz Ihrer Ausstrahlung zieht absolut zuverlässig entsprechende Ereignisse in Ihr Leben und verhindert genauso zuverlässig andere Ereignisse, auch wenn Sie sich diese noch so sehr wünschen. Ein typisches Beispiel dafür ist, wenn Sie im Lotto tippen. Millionen tun das wöchentlich und hoffen auf ihren Gewinn. Wenn sie auf Ihre Überzeugungen schauen würden, wüssten sie, dass sie gar nicht gewinnen können, weil ihre Überzeugung diesen Gewinn zuverlässig ausschließt. Sie könnten sich das Geld sparen. Wir können jedoch unsere Resonanzfähigkeit verändern, indem wir unsere Bewusstseinsinhalte (unsere Überzeugungen) verändern. Zu den unverzichtbaren Fähigkeiten der neuen Führungskräfte gehört also die Erinnerung an die Zukunft, die es ermöglicht, vom Ziel aus den zuverlässigsten Weg zum Ziel hin zu erkennen. Das ist zukunftsorientiertes Handeln.

Über die Veränderung ...

Wollen wir die Welt ändern und bessern,
dann müssen wir bei uns anfangen;
und wollen wir uns bessern,
dann müssen wir bei unseren Gedanken beginnen.

— — —

Man sollte die Dinge so nehmen, wie sie kommen,
aber dafür sorgen, dass sie so kommen, wie man sie haben möchte.

— — —

Durch andere Verhältnisse wirst du nicht anders,
aber wenn du anders wirst, ändern sich deine Verhältnisse.

— — —

Wer etwas weiß, kann noch nichts,
doch auch Können bewirkt noch nichts.
Erst das Tun verändert die Welt.

Face-Reading

Face-Reading heißt, mit einem Blick ins Gesicht eines Menschen zu erkennen, mit wem man es zu tun hat. Meist sieht der Mensch so aus, wie er ist. Das heißt, er sieht so aus, *weil* er so ist. Wenn wir geübt sind, sehen wir viel deutlicher, wie sein Charakter, seine Persönlichkeit und seine Eigenschaften ihm ins Gesicht geschrieben sind. Dieses Gesicht verändert sich natürlich. Sie brauchen nur einmal ein Jugendbildnis von sich selbst anzuschauen, auf dem Sie noch ganz anders ausgesehen haben. Damals waren Sie noch ein anderer. Sie sagen zwar „Das bin ich mit siebzehn", aber das sind Sie schon lange nicht mehr. Inzwischen waren Sie mehrere andere geworden und diese haben Sie auch wieder hinter sich gelassen.

Ein Geschäftsführer sollte zwangsläufig die Fähigkeit des Face-Readings besitzen, denn er sollte ja sein Gegenüber einschätzen können. In einer Verhandlung ist es gut, wenn er weiß, wo der andere steht und welche Absichten er hat. Er tut gut daran zu wissen, wo die Grenzen sind, die er nicht überschreiten darf, aber die er natürlich auch ausschöpfen kann.

Wissen Sie, was Ihr Geschäftspartner wirklich meint, wenn er *nein* sagt? Bedeutet es, dass das Ende der Verhandlung angesagt ist, oder geht es jetzt erst so richtig los?

Nehmen wir einmal an, ein junger Mann bewirbt sich in Ihrer Firma für eine ausgeschriebene Stelle. Sie laden ihn zum Vorstellungsgespräch ein, um ihn näher kennen zu lernen. Sehen Sie einem Menschen an seiner Körpersprache und im Gesicht an, für welche Position er am besten geeignet ist, welche Eignungen er mit sich bringt? Wenn Sie Face-Reading beherrschen, stehen Ihnen ganz andere Möglichkeiten offen. Vielleicht besitzt dieser junge Mann ja geniale Fähigkeiten für eine ganz andere Aufgabe in Ihrer Firma. Eventuell bringt er eine Eignung mit sich, die er selbst noch gar nicht kennt. Es kann sein, dass ihm für diese ganz andere Stelle noch ein paar Kenntnisse fehlen, aber diese könnte er sich aneignen.

Face-Reading braucht auch der Verkäufer, damit er sieht, was der Kunde wirklich braucht. Der Kunde braucht es, damit er sieht, wie ehrlich es der Verkäufer meint. Und wir brauchen Face-Reading in der Partnerschaft. Wenn wir uns auch solche Dinge bewusst machen, dann wissen wir privat und geschäftlich viel zuverlässiger, was auf uns zukommt. Wenn Sie eine Fusion eingehen, einen Geschäftspartner aufnehmen oder einen Filialleiter bestimmen, sollten Sie die Situation zukunftsorientiert betrachten können. Es ist überaus wichtig für Sie zu sehen, aus welchem geistigen Potenzial heraus der andere handelt. Einer Ihrer Bewerber kann brillante Diplome haben und aufgrund seiner Lebenserfahrung oder bisherigen Position als optimal geeignet erscheinen… aber vielleicht sehen Sie mit Ihren zusätzlichen Fähigkeiten dann ja auch, dass ein anderer Bewerber ohne Diplome und bescheinigte Erfahrung viel besser geeignet ist, mehr Zukunftspotential hat und sich viel besser ins Team einfügen kann.

Am Gesicht eines Menschen lässt sich nicht nur ablesen, was momentan ist oder bisher war, sondern auch das, was noch werden kann – was als Keim noch darauf wartet, in Erscheinung treten zu dürfen. Face-Reading ist ein äußerst nützliches Instrument fürs Management und vielleicht gönnen Sie sich irgendwann einmal die Zeit, sich eine Weile intensiver mit diesem Thema zu beschäftigen. Es lohnt sich.

Bei einem Eklat in der Partnerschaft oder Firma sagt man enttäuscht von dem anderen: „Jetzt hast du dein wahres Gesicht gezeigt." Als ob er vorher eine Maske getragen und sie jetzt abgelegt hätte. Aber das ist ja nicht der Fall! Ohne „Face-Reading" habe ich mich selbst getäuscht, habe den anderen nicht wirklich angesehen, habe Erwartungen in ihn projiziert. Der andere hat keine Maske getragen, sondern ich habe sie ihm selbst aufgesetzt. „Face-Reading" bedeutet, die Sprache des Gesichtsausdrucks des anderen Menschen so zu verstehen, wie er sich gibt, jederzeit sein „wahres Gesicht" zu sehen.

Selbstidentifikation
als Schritt zur Intuition

Ziel dieses Buches ist nicht, dass Sie später wissen, wie Ihnen gelegentlich ein guter Gedanke kommt oder dass Ihre Intuition ein bisschen besser funktioniert als bisher. Das wäre zwar schon wünschenswert, aber das wäre viel zu wenig. Das Ziel ist, dass Sie ständig für Intuition auf Empfang bleiben – und mehr noch: dass Sie sich ganz gezielt etwas einfallen lassen können. Dass Sie die Fähigkeit haben, die Lösung einer Aufgabe ständig intuitiv wahrzunehmen zu können. Der große Vorteil ist: Sie machen keine Fehler! Intuition ist absolut zuverlässig, wenn Sie sich danach richten. Wenn Sie Ihrer Intuition folgen, wissen Sie immer, dass es stimmt. Dabei stimmt es nicht nur für Sie – es stimmt auch für den anderen und es stimmt auch in Zukunft.

Gott sei Dank haben inzwischen einige Firmen den Mut, danach zu handeln. Einige Führungskräfte, die von uns beraten wurden, konnten sich nach großen Diskussionen im Vorstand allmählich durchsetzen. Diese Menschen haben Jahre zuvor eine Automobilform geschaffen, die damals heftige Kontroversen im Vorstand auslöste. Es war intuitiv absolut richtig. Die Intuition sagte ganz klar, dieses Modell wird in der Führungsetage großen Widerspruch hervorrufen. Es wird endlose Diskussionen geben, ob diese Form gelungen oder misslungen ist, aber es wird sich zeigen, dass der Umsatz stimmt und dass das Produkt vom Markt akzeptiert wird. Und das war bereits vor einigen Jahren.

Diese Marktakzeptanz z. B. kann Ihnen der beste Computer nicht ausrechnen. Er kann Ihnen Wahrscheinlichkeiten geben, und je weiter das in die Zukunft geht, desto größer ist Streuung und Fehlerquote. Wenn Sie „intuitieren" lernen und präzise Fragen stellen, kann Ihnen die Intuition genau sagen, ob ein Produkt revolutionär ist und ob es nach einer kurzen Phase der Verzögerung vom Markt voll akzeptiert wird und Sie damit etabliert sind.

Sich auf etwas so Unzuverlässiges einzulassen war natürlich den Verstandesmenschen im Vorstand ein ungeheueres Risiko. Gott sei Dank entwickelte sich alles optimal und man war zuerst verblüfft. Der Erfolg gab allen Recht und die Weichen für die Zukunft wurden damit gestellt; man vertraut jetzt der Intuition. Das heißt aber auch, dass wir diese Selbstidentifikation brauchen: Ich sollte erkennen, wer ich wirklich bin. Ich kann nicht mehr aus meiner bisherigen Position (Name, Persönlichkeit) heraus handeln, denn das sind meine Werkzeuge, nicht ich. Sie können wählen, wie Sie die Umstände haben wollen, und Sie können Ihre Persönlichkeit verändern, denn Sie sind Bewusstsein. Als dieses Bewusstsein sollten Sie diesen Platz ausfüllen, Ihre Firma oder Ihren Unternehmensbereich leiten und immer in diesem Bewusstsein bleiben. Denn dann schauen Sie schon aus einem anderen Blickwinkel hin, als wenn Sie mit dem Verstand diese Situation prüfen. Das ist der Schritt vom Sehen zum Wahrnehmen:

Der Verstand sieht, was i s t ,
das Bewusstsein nimmt wahr, was w i r d .

Das bedingt natürlich auch, dass Sie aufhören, sich als Opfer zu fühlen. Das tun Sie zum Beispiel, wenn Sie sich nach den Umständen richten und versuchen, aus Ihrem Leben und den gegebenen Umständen das Beste zu machen. Dann bleiben Sie im Gefängnis der Gegebenheiten. Diese Gegebenheiten aber sind gar nicht gegeben, es ist nur der derzeitige Stand der Realität. Diese Gegebenheiten warten darauf und sind jederzeit bereit, geändert zu werden. Das kann ich aber nicht mit dem Verstand, das kann ich nur als Bewusstsein tun, denn das geschieht wieder über die Ursache – über die Wahl der Überzeugung.

Sie könnten jetzt gleich Ihre Überzeugungen ändern, indem Sie sich bewusst machen, welches Selbstbild Sie haben. Sie brauchen es niemandem zu sagen, aber es ist wichtig, dass Sie dabei vor sich selbst ehrlich sind.

Ihr derzeitiges Selbstbild

Welche Meinung haben Sie von sich? Für wie tüchtig, wie intelligent, wie ehrlich, kreativ… halten Sie sich?

Untersuchen Sie einmal alle Aspekte, die Ihnen einfallen, auch Dinge wie Dynamik, Gesundheit, Lebensfreude, Sympathie, Sportlichkeit, …, und machen Sie sich bewusst, was Sie über sich selbst denken. Versuchen Sie es in Ihren eigenen Worten zu beschreiben und drücken Sie es zusätzlich in Punkten von 1–10 oder in Prozent auf einer Skala von 0 bis 100 aus.

_____

_____

_____

_____

Machen Sie sich nun bewusst, welche Überzeugungen Sie haben:

_____

_____

_____

Meine wichtigsten Überzeugungen sind:

_____

_____

_____

Was meinen Sie, wie alt Sie werden? Viele Menschen verdrängen diesen Gedanken. Doch gehen Sie dieser Frage nach, denn Ihre Überzeugungen bestimmen, was geschieht.

Wenn Sie jetzt zum Beispiel noch ganz gesund sind – wie, glauben Sie, wird das in Zukunft sein? Die meisten Menschen haben nämlich die unbewusste Überzeugung, mit zunehmendem Alter könne man von seinem Körper immer weniger erwarten. Damit lassen sich natürlich Krankheiten nicht mehr vermeiden.

Wenn Sie solche Überzeugungen bei sich aufspüren, können und sollten Sie ab sofort neue, geeignete Überzeugungen für sich wählen.

Wählen Sie nun die Überzeugungen, *die Ihnen gefallen* – finden Sie *geeignete* Überzeugungen für Ihre Zukunft!

Meine zukünftigen Überzeugungen sind:

_____

_____

_____

_____

Wie wäre es, wenn Sie die Überzeugung wählen würden (ganz unabhängig davon, wann Sie gehen wollen), dass Sie bis an Ihr Lebensende gesund bleiben?

Auch für die nächsten Antworten sollten Sie sich ein wenig Zeit nehmen: Gehen Sie die einzelnen Aspekte Ihres Lebens durch und versuchen Sie Ihre Kernüberzeugungen herauszufinden. Ein paar Anleitungen finden Sie hier.

Was denken Sie über Gesundheit?

_____

_____

_____

_____

Was denken Sie über Erfolg?

_____

_____

_____

_____

Was denken Sie über die Zukunft?

_____

_____

_____

_____

Wird die Zeit, die vor Ihnen steht, turbulent? Oder faszinierend? Wenn Sie Ihre Zeit definieren, spielt die Meinung anderer Leute über die Zeit, in der wir leben, keine Rolle. Sie bestimmen selbst, dass Ihr Leben, Ihre Firma oder Ihre Partnerschaft in Ordnung ist.

Wie wird sich Ihre Firma in den nächsten fünf Jahren entwickeln?

_____

_____

_____

Wie denken Sie über Partnerschaft?

_____

_____

_____

Wie denken Sie über ... ?

_____

_____

_____

Wie denken Sie über... ?

_____

_____

_____

Bleiben Sie erfinderisch und untersuchen Sie weitere Aspekte in Ihrem Leben, die vielleicht hier nicht aufgeführt sind!

Wenn Sie ehrlich auf all diese Fragen antworten, dann wissen Sie genau, wie Ihre Zukunft aussieht. Wenn Sie jetzt nämlich nicht das aufschreiben, was Sie *gerne hätten*, sondern das, was Sie *glauben*, dann haben Sie die Antwort.

Sie bekommen vom Leben nämlich nicht das, was Sie sich *wünschen* oder ganz dringend *brauchen*, sondern das, wovon Sie *überzeugt* sind. Ihre Überzeugung ist das Dia im Projektor Zukunft und die Leinwand ist die Realität – im Draußen tritt es dann in Erscheinung. Dieses Dia der Überzeugung können Sie jederzeit ändern: Sie nehmen es raus und stecken ein anderes rein. Das kann der Verstand natürlich nicht, das kann nur Bewusstsein. Das Bewusstsein kann seine eigenen Inhalte bestimmen, und so könnten Sie jetzt Ihre individuelle Zukunft bestimmen. Sie bestimmen sie über die Wahl Ihrer Überzeugungen.

Es nützt Ihnen jedoch gar nichts, wenn Sie sich etwas einreden. Sie sollten es schon glauben können. Wenn Sie es sich nur einreden, bleiben Sie nämlich innerhalb der Grenzen Ihres Glaubens und sind der Meinung, dass Sie kaum mal krank werden. Die Alternative dazu ist, wenn Sie die Grenzen Ihres Glaubens ändern und sich sagen, dass ich (Bewusstsein) nicht krank werden kann. Da ich als Bewusstsein diesen Körper bewohne, spiegelt der Körper diese Überzeugung wider. Dann haben Sie sich vielleicht überzeugt – dann haben Sie Krankheit eliminiert. Dies ist eine hilfreiche Überzeugung, die Ihr Leben grundlegend verändern kann.

Empfangsbereit für Intuition?

Im Moment geht es erst einmal darum, dass wir Intuition überhaupt empfangen können, d.h., dass Sie uns erreicht. Wir brauchen noch nicht zu entscheiden, sondern es geht einfach darum, eine Art „Stand-by-Modus" zu erreichen, es geht um Bereitschaft. Bleiben Sie einfach auf Empfang und stellen Sie fest, dass Sie energetisch wahrnehmen können.

Wir können Intuition nur erreichen, wenn wir uns vorbereiten. Das heißt, es geht zuerst einmal darum, dass es Ihnen gelingt, Ihr Bewusstsein zu öffnen. Denn solange Sie noch im Verstand sind, kann Intuition Sie nicht erreichen und es ist sinnlos weiterzumachen.

Der wichtigste Schritt auf dem Weg zur Intuition ist die Selbstidentifikation, dass Sie erkennen, wer Sie wirklich sind. Erst dann können Sie wirklich auf Empfang bleiben. Wir haben uns bewusst gemacht, dass auch unser Selbstbild auf dem Weg zur Intuition ein Hindernis sein kann. Wir sollten uns für Intuition resonanzfähig machen und das geschieht durch bewusste Wahl der Überzeugung. Es ist also notwendig, dass wir unsere Überzeugungen kennen und gegebenenfalls auswechseln. So kommen wir allmählich vom Denken zum Wahrnehmen. Entgegen allen Überzeugungen des Ichs verhindert Nachdenken eher ein positives Ergebnis bei der Suche nach Lösung.

Die großen Probleme werden meist, wie bereits erwähnt, nicht durch Nachdenken, sondern durch einen guten Einfall gelöst – und dafür sollten wir bereit sein. Der nächste Schritt ist, dass wir einmal versuchen, die nächste Aufgabe, die uns bevorsteht, nicht mehr mit Nachdenken anzugehen, sondern durch bewusstes Sein.

Machen Sie sich noch einmal bewusst, wer Sie sind, und nehmen Sie einmal das Zentrum Ihres Bewusstseins wahr. Wo ist der Mittelpunkt des Erlebens, jetzt, in diesem Augenblick? Spüren Sie das in der Herzgegend… oder eher im Bauchraum? Im dritten Auge? Wo ist das

Zentrum Ihrer Wahrnehmung? Machen Sie sich diesen Mittelpunkt Ihres Bewusstseins bewusst und dann dehnen Sie einmal dieses Bewusstsein aus. Erkennen Sie, dass Sie ganz bewusst Ihr Bewusstsein weit werden lassen können. Vielleicht stellen Sie sich Ihr Bewusstsein wie einen Luftballon in Ihrem Inneren vor, der sich ausweitet, wenn man ihn aufbläst: Er dehnt sich aus in alle Richtungen. Füllen Sie so Ihren ganzen Körper mit Bewusstsein. Lassen Sie einfach, von Ihrem individuellen Mittelpunkt ausgehend, Ihr Bewusstsein weiter werden, bis es Ihren ganzen Körper ausfüllt. Vergewissern Sie sich auch, dass Sie Ihren Körper als Bewusstsein von innen überall gleichzeitig spüren. Dies ist ein ganz wichtiger Schritt – ohne ihn bleiben Sie sonst in der Linearität des Verstandes. (Wenn Sie Ihr Bewusstsein zuerst in einen Arm, dann in ein Bein etc. verlagern, bleiben Sie im Verstand. Nehmen Sie alle Körperteile gleichzeitig wahr! Spüren Sie, wie sich das Bewusstsein gleichzeitig in alle Richtungen in Ihrem Körper ausdehnt!)

Dann gehen wir einen Schritt weiter: Dehnen Sie Ihr Bewusstsein noch weiter aus… über die Grenzen Ihres Körpers hinaus. Falls Sie Hilfe dazu brauchen, versuchen Sie, sich Ihr Bewusstsein als ein Energiefeld vorzustellen. Lassen Sie Ihr Bewusstsein einmal weiter werden als Ihren Körper, damit Sie ein Gefühl dafür bekommen, wie Sie mit Ihrem Bewusstsein umgehen können. Wenn Sie Ihr Bewusstsein überall weiter werden lassen als den Körper, dann sind Sie nicht mehr im Körper, dann ist der Körper in Ihnen. Sie sind dieses weite Bewusstsein und der kleinere Körper ist in Ihnen. Vollziehen Sie alle diese Schritte nacheinander.

Noch einmal zusammengefasst:
1. Machen Sie sich den Mittelpunkt Ihres Bewusstseins bewusst! Von wo aus leben Sie?
2. Lassen Sie diese Mitte gleichmäßig weiter werden und füllen Sie ganz bewusst damit Ihren Körper aus.
3. Wenn Sie dann die Grenzen Ihres Körpers spüren, überschreiten Sie als Bewusstsein mit sanftem Druck Ihren Körper. Lassen Sie Ihr Energiefeld weiter werden als Ihren Körper.

Im Prinzip geht es sehr einfach, es hört sich nur für den Verstand kompliziert an. Bleiben Sie nun in diesem weiten Bewusstsein und machen Sie sich noch einmal Ihre Mitte bewusst, während Sie Ihr Bewusstsein weit lassen. Richten Sie nur Ihre Aufmerksamkeit auf die Mitte – und, von der Mitte ausgehend, gehen Sie in der Mitte des Körpers nach oben und öffnen Sie energetisch die oberste Stelle Ihres Kopfes (dort, wo bei Kindern die Fontanelle ist). An dieser Stelle befindet sich ein energetisches Tor, welches sich nur von innen öffnen lässt.

Stellen Sie sich das so vor: Ihr Bewusstsein ist wie ein Geist in der Flasche. Sie machen oben jetzt den Stöpsel auf und der Geist wächst aus der Flasche. Wachsen Sie jetzt einmal nach oben über sich hinaus... Werden Sie einmal gute zwei Meter groß. Lassen Sie den Geist ganz bewusst aus der Flasche, so dass Ihr Wahrnehmungszentrum über dem Kopf ist, und schauen Sie einmal in die Welt aus einer Perspektive etwa 20 cm über Ihrem Kopf. Sie wachsen also über sich hinaus. Um zu überprüfen, ob das auch wirklich so ist, erleben Sie dort absolute Gedankenstille. Denn dort oben denkt keiner. Dort ist nichts, nur ruhende Energie – und reines Bewusstsein. Und in dem Augenblick, in dem Sie über sich hinausgewachsen sind, die Gedanken hinter sich gelassen haben, den Verstand überschritten haben, sind Sie bei sich selbst angekommen – als reines Bewusstsein in der Gedankenstille.

Halten Sie einmal das Zentrum Ihrer Wahrnehmung weit über dem Kopf. Wenn Sie dem Körper gestatten, vollkommen bewegungslos zu sein, haben Sie das Gefühl, keinen Körper mehr zu haben. Sie sind reines Bewusstsein. Sie sind sich Ihrer selbst bewusst. Sie sind wieder bei sich selbst angekommen. Wenn Sie so über sich hinausgewachsen sind, tauchen Sie automatisch ein in das Sie umgebende Energiefeld. Schließen Sie sich einmal ganz bewusst an diese kosmische Energie an. Diese Energie ist überall. Und sobald Sie Ihren Körper überschreiten, schließen Sie sich damit an. Bleiben Sie von nun an angeschlossen. Laufen Sie nie wieder auf Batterie – Sie sind jetzt in der einen Kraft. Sie sind zurückgekehrt in die Kraft und damit sind Sie ständig voller Energie. Je mehr Energie Sie brauchen, desto mehr strömt nach. Und jetzt lassen Sie einmal diese Energie Ihren ganzen Körper erfüllen. Öffnen Sie sich einfach und erfüllen Sie sich mit der Energie, bis Ihr ganzer Körper und jede Zelle voller Energie ist. Nun ist es Ihre Entscheidung, ob Sie über sich hinausgewachsen bleiben und somit angeschlossen bleiben. Sie könnten das von nun an immer tun. Wenn Sie wollen, bleiben Sie einfach in diesem Zustand. Bleiben Sie in der Kraft – leben Sie als Ausdruck dieser einen Kraft.

Wenn Sie so über sich hinausgewachsen sind, sind Sie auch eingetaucht in das Informationsfeld des All-Bewusstseins. Öffnen Sie sich also bewusst der Wahrnehmung, der Intuition. Machen Sie sich bewusst, dass Ihre Leitung nun ständig frei ist, dass Sie Intuition ständig unmittelbar empfangen, sobald Sie zu Bewusstsein gekommen sind. Sie brauchen nur zu lernen, Ihre Wahrnehmung wieder wahrzunehmen und sich bewusst zu machen, dass Sie Intuition empfangen. Sie können so ständig auf Empfang bleiben.

So sind Sie empfangsbereit für Intuition:
1. Wachsen Sie über sich hinaus
2. Schließen Sie sich an die eine Kraft an
3. Bleiben Sie in der Kraft – dann sind Sie ständig auf Empfang

Über den Verstand…

Der Verstand ist ein guter Diener,
aber ein schlechter Herr.

— — —

Ein Mensch, der sich etwas auf seine Intelligenz einbildet,
ist wie ein Sträfling, der mit seiner großen Zelle prahlt.

— — —

Unsere Kenntnisse hindern uns oft,
zu Erkenntnissen zu kommen.

Das Wunder wahrer Konzentration

Wahre Konzentration hat nichts mit Anspannung, sondern viel mit Entspannung und Gelöstsein zu tun. Bleiben Sie einmal über sich hinausgewachsen und bei Bewusstsein. Stellen Sie sich vor, Sie sitzen im Konzert oder im Theater. Dort sind Sie auch ganz konzentriert, aber überhaupt nicht angespannt. Es wird nichts von Ihnen verlangt. Sie brauchen keine Leistung zu erbringen, aber Sie sind ganz präsent. Seien Sie einmal ganz da, da, wo Sie sind. Konzentrieren Sie sich ganz auf das, was Sie gerade tun. Wahre Konzentration ist eine solche Vertiefung in das Dasein und in das Tun, dass Sie damit förmlich verschmelzen. Der Volksmund sagt: Ich bin ganz Ohr.

Probieren Sie doch einmal aus, ganz Ohr zu sein. Gehen Sie ganz auf Empfang und beginnen Sie energetisch wahrzunehmen, nicht nur informativ. Lassen Sie Ihr Bewusstsein weit, bleiben Sie über sich hinausgewachsen und seien Sie dabei vollkommen präsent. Lassen Sie Ihr Bewusstsein einfach offener werden, wie eine Antenne… gehen Sie auf Empfang und bleiben Sie auf Empfang. Versuchen Sie wahre Konzentration nicht mit dem Verstand, denn er kann das nicht.

Steigern Sie Ihre Konzentration noch einmal, indem Sie beide Gehirnhälften miteinander verbinden.
Vollziehen Sie die vorhergehenden Schritte noch einmal und gehen Sie ganz bewusst auf Empfang: Prüfen Sie, ob Ihr Energiefeld Bewusstsein weiter ist als der Körper, wachsen Sie über Ihren Körper hinaus und schließen Sie sich an die eine Kraft an, die Ihren ganzen Körper erfüllt. Seien Sie ganz präsent. Seien Sie ganz offen. Seien Sie ganz da. In diesem Bewusstsein können wir den nächsten Schritt tun.

Es gibt im Kopf eine Stelle, die die Chinesen „Das Tor des Himmels" nennen. Wenn Sie bei Bewusstsein sind, können Sie dieses Tor öffnen. Anatomisch gesehen ist es das Corpus Callosum, die Verbindung zwischen linker und rechter Gehirnhälfte. Dieses Tor kann durch Imagination geöffnet werden.

Stellen Sie sich in Ihrem Gehirn zwischen den beiden Gehirnhälften vielleicht einmal eine Schiebetür vor. Sehen Sie diese Schiebetür vor sich, in sich, fühlen Sie diese Tür von innen. Öffnen Sie diese Tür: die eine Hälfte nach vorn, die andere Hälfte nach hinten, so dass diese beiden Gehirnhälften *ein* Denkraum werden. Lassen Sie dieses Tor dann für immer offen.

Die Atemlenkung

Bevor wir unser Denken lenken, widmen wir uns der Atemlenkung. Lassen Sie Ihr Bewusstsein weit offen und konzentrieren Sie sich ganz auf Ihren Atem. Sie wissen: Konzentration bedeutet Entspannung und gelöste Achtsamkeit. Es wird nichts von Ihnen verlangt und Sie sind vollkommen entspannt.

1. Richten Sie Ihre Achtsamkeit auf Ihren Atem und machen Sie sich einmal bewusst, wie Sie atmen. Sie brauchen das nicht zu verändern, zu verbessern und zu vertiefen. Sie nehmen einfach nur als Bewusstsein wahr, wie Sie gerade atmen.

2. Atmen Sie einmal nur in die linke Lungenseite, in den linken Lungenflügel. Es ist ganz einfach… atmen Sie einfach nur nach links. Dass Sie es richtig gemacht haben, erkennen Sie daran, dass sich Ihr Oberkörper leicht nach rechts neigt.

3. Sobald das reibungslos geht, atmen Sie nur in den rechten Lungenflügel. Es kann gut sein, dass Ihnen eine der beiden Seiten leichter fällt, das ist normal.

4. Dann atmen Sie bewusst in beide Lungenflügel gleichzeitig. Das ist scheinbar das, was Sie ja immer machen, aber Sie werden merken, dass es anders ist als bisher. Wenn Sie es richtig machen, müsste sich jetzt eine Klarheit einstellen. Es ist Training für die

Aufmerksamkeit mit dem Medium Atem. Was wir eigentlich brauchen, ist die bewusste Lenkung der Aufmerksamkeit.

5. Atmen Sie danach senkrecht nach unten. Gehen Sie mit jedem Atemzug noch ein bisschen tiefer als zuvor. Die Chinesen nennen es *atmen in den Tan Tien*. Versuchen Sie senkrecht in die Tiefe zu atmen – bis ans die Grenze Ihres Körpers. Natürlich reicht Ihre Lunge nicht so weit, aber hier geht es ja um energetische Lenkung. Atmen Sie einmal so tief, dass Sie das Gefühl haben, bis auf den Stuhl zu atmen... und sogar durch den Stuhl hindurch. Atmen Sie senkrecht in die Tiefe bis über Ihren Körper hinaus. In Wirklichkeit lenken Sie jetzt mit Ihrer Achtsamkeit die Energie durch Ihren Atem.

6. Spüren Sie einmal: Wenn Sie in die Tiefe atmen, entsteht ein Fundament. Ein In-sich-Ruhen, ein Gefühl der Souveränität, der Sicherheit. Lassen Sie Ihren Atem in der Tiefe einmal breit werden. Sie bekommen dadurch ein Gefühl der Überlegenheit, so dass Sie nichts mehr erschüttern kann.

7. Wenn Sie das können, lassen Sie Ihren Atem nach unten los und atmen Sie einmal nur nach oben, so weit Sie kommen. Atmen Sie wieder weit über Ihre Lungenkapazität hinaus, denn auch hier geht es um Energielenkung.

8. Atmen Sie in den Kopf und überprüfen Sie, ob der Hals eine Barriere darstellt. Bei manchen ist dort ein Hindernis. Atmen Sie hindurch. Atmen Sie diese Stelle frei, bis Sie gefühlsmäßig einwandfrei in den Kopf atmen. Sie spüren diese Energie dann als Kühle im Kopf. Stellen Sie sich vor, Ihr Atem fließt bis ins Gehirn. Spüren Sie Ihren Atem auch dort als Kühle.

9. Wenn es geht, atmen Sie auch nach oben über den Kopf hinaus. Spüren Sie einmal die Atemenergie über Ihrem Kopf.

10. Atmen Sie nun einmal gleichzeitig nach unten und nach oben, so weit Sie kommen. Am besten in beide Richtungen und über den Körper hinaus. Während Sie dies tun, beobachten Sie einmal, was

im Körper geschieht. Was geschieht in Ihrer Energie, wenn Sie gleichzeitig senkrecht nach unten und senkrecht nach oben über Ihren Körper hinaus atmen?

11. Legen Sie die Hand auf Ihre Brust und atmen Sie nach vorn in Ihre Handfläche hinein. Sie können die Hand auch vor Ihren Bauch nehmen, wenn Ihnen das angenehmer ist. Wichtig ist nur, dass Sie energetisch in Ihre Handfläche atmen, bis Sie innen in der Handfläche Ihre Atemenergie spüren.

12. Sobald Sie Ihre Atemenergie dort spüren, nehmen Sie Ihre Hand 2–3 Zentimeter vom Körper und atmen Sie Ihre Hand einmal vom Körper weg. Folgen Sie mit dem Atem, atmen Sie weiter in Ihre Handfläche. Mit jedem Atemzug atmen Sie die Hand ein Stückchen weiter. (Wenn Sie mit Ihrer Hand zu weit gegangen sind, nehmen Sie Ihre Hand wieder ein bisschen näher an Ihren Körper und holen Sie Ihren Atem wieder ab, bis Sie beim Ein- atmen ganz deutlich wieder die Atemenergie in Ihrer Handfläche spüren.) Nehmen Sie die Hand immer weiter von Ihrem Körper weg und nehmen Sie Ihren Atem mit. Schauen Sie einmal, wie weit Sie kommen. Manche können weiter atmen, als ihre Hand reicht.

13. Wenn möglich, machen Sie das Gleiche nach hinten. Legen Sie Ihre Hand auf den Rücken und atmen Sie unter die Hand. Sicher fällt es Ihnen leichter, wenn Sie die Handaußenflächen nehmen. Wichtig ist nur, dass Sie wieder energetisch unter Ihre Hand atmen. Atmen Sie nun Ihre Hand nach hinten weg.

14. Nehmen Sie die vordere Hand wieder mit dazu und atmen Sie gleichzeitig nach vorne und hinten.

15. Da Sie jetzt schon geübt sind, können Sie jetzt einmal beide Hände in die Seiten tun und zu beiden Seiten gleichzeitig atmen.

16. Atmen Sie nun in alle Richtungen gleichzeitig: beide Lungenflü- gel – nach oben und nach unten – nach vorne und hinten – in die Seiten und in jede Richtung über den Körper hinaus.

17. Durch Atemlenkung machen wir uns unsere Bewusstseinsgrenzen bewusst. Gehen Sie wieder vom Mittelpunkt aus, wie beim Luftballon, den Sie aus Ihrer Körpermitte aufpusten lassen. Lassen Sie von Ihrer Mitte aus dieses Energiefeld beim Einatmen weit werden und atmen Sie energetisch über Ihren Körper hinaus. Nach oben und unten, hinten und vorn, zu beiden Seiten, so weit, bis Sie überall beim Einatmen Ihren Körper energetisch überschreiten.

18. *Nun machen wir das Gleiche mit dem Denken.* Nehmen Sie etwas in Ihr Bewusstsein, was Ihnen angenehm ist. Es kann Ihr Partner sein, Erfolg, Gesundheit, Zukunft… ganz egal, es sollte jedenfalls ein Gedanke sein, der Ihnen sehr angenehm ist. *Bleiben Sie bitte bei allen Schritten beim gleichen Gedanken, damit Sie die Eindrücke, die Sie bekommen, vergleichen können.* Denken Sie nun Ihren Gedanken nur mit der linken Gehirnhälfte. Denken Sie einmal *links*hirnig diesen einen Gedanken. Den meisten Menschen fällt das nicht schwer, weil sie ohnehin meist links denken. Bitte achten Sie darauf, dass Sie ausschließlich links denken. Machen Sie sich anschließend bewusst, wie sich dieser Gedanke anfühlt, wenn er links gedacht wird.

19. Bleiben Sie bei Ihrem Gedanken, aber denken Sie ihn jetzt nur rechts. Für viele Menschen ist es ein bisschen ungewohnt, rechts zu denken. Wie fühlt sich dieser Gedanke jetzt an? Machen Sie sich einmal den Unterschied zum Denken auf der linken Seite bewusst. Sie werden merken, rechts bekommt dieser Gedanke mehr Raum. Er wird weiter, er wird wärmer. Links ist er wie auf einen Punkt gebracht, wirkt etwas kühl. Spüren Sie den Unterschied im Denken?

Die verschiedenen Denkzentren: der Schritt vom linearen Denken zum holistischen Denken

20. Sobald Sie Punkt 19 einwandfrei beherrschen, denken Sie den gleichen Gedanken links und rechts gleichzeitig. Links analytisch und kühl auf den Punkt gebracht, rechts weit, räumlich, warm, umfassend. Denken Sie nicht mehr das eine oder das andere, sondern beides gleichzeitig. (Es kommt darauf an, dass Sie mit beiden Gehirnhälften gleichzeitig diesen Gedanken denken. Prüfen Sie noch einmal, ob imaginativ die Verbindung zwischen beiden Gehirnhälften offen ist und ob aus diesen bisher getrennten Denkräumen ein neuer Denkraum geworden ist. Denken Sie Ihren Gedanken in diesem neuen Denkraum – also links und rechts gleichzeitig.) Spüren Sie diese neue Qualität des Denkens? Wie fühlt sich dieser Gedanke jetzt an? Sie haben gerade den Schritt vom linearen Denken des Verstandes zum holistischen Denken getan. Nun liegt es bei Ihnen, ob Sie bei diesem holistischen Denken bleiben wollen oder ob Sie innerhalb dieses neuen Denkraumes entweder die eine oder die andere Seite mehr betonen. Doch dieser neu geschaffene Raum sollte offen bleiben. Das lineare Denken könnte der Vergangenheit angehören, denn Sie haben nur Vorteile, wenn Sie im holistischen Denken bleiben.

21. Machen Sie sich verschiedene holistische Denkzentren bewusst; denken Sie einmal denselben Gedanken im Bauch. Jetzt wird dieser Gedanke mit Gefühlen aufgeladen. Er ist nicht mehr so objektiv, aber auch nicht mehr so kühl. Er wird lebendig. Vergleichen Sie einmal diese Qualität Ihres Gedankens, wenn Sie diesen Gedanken holistisch, weithirnig denken und wenn Sie denselben Gedanken im Bauch bewegen, wie unterschiedlich er sich anfühlt. Dann können Sie sich vorstellen, wie unterschiedlich Menschen die gleiche Situation erleben, je nachdem, wo ihr Denkzentrum ist – von wo aus sie leben.

22. Denken Sie nun mit dem dritten Auge (der Stelle zwischen Ihren Augen, leicht höher als diese). Denken Sie einmal mit diesem

Zentrum auf den Punkt gebracht. Mit diesem Denkzentrum lösen Sie den Gedanken aus der Zeit und nehmen ihn eingebettet wahr in die Zusammenhänge. Sobald Sie einen Gedanken mit dem dritten Auge denken, erkennen Sie Zusammenhänge. Wann immer Sie in Zukunft in Zusammenhängen denken wollen, wäre es gut, wenn Sie in Ihrem Denkraum den Gedanken einmal vom dritten Auge aus anschauen.

23. Machen wir uns noch ein weiteres Denkzentrum bewusst: Denken Sie Ihren Gedanken mit dem Herzen. Spüren Sie einmal, wie es sich anfühlt, wenn Sie einen Gedanken im Herzen bewegen. In der Bibel heißt es: Maria bewegte die Worte des Engels in ihrem Herzen. Wenn Sie Ihren Gedanken nun im Herzen bewegen, spüren Sie sofort, dass der Gedanke eine ganz andere Qualität bekommt. Er wird liebevoller, wohlwollend, angenehm. Es ist eine sehr wesensgemäße Art, mit dem Herzen zu denken. Je intensiver Sie das machen, desto wohler fühlen Sie sich dabei.

24. Als letzten Schritt gehen Sie mit Ihrem Bewusstsein über Ihren Körper hinaus und denken einmal mit dem Wahrnehmungszentrum über Ihrem Kopf, d. h. mit Ihrem Bewusstsein. Es geht nur, wenn Sie im Bewusstsein sind. Dann sind Sie in absoluter Gedankenstille, denn da kommt kein Gedanke hin. Da ist reines Bewusstsein. Da sind Sie selbst. Denken Sie jetzt einmal denselben Gedanken als Bewusstsein. Spüren Sie, welche Größe dieser Gedanke nun bekommt? Welche Würde, welche besondere Qualität? Wie fühlt es sich an, wenn Sie nicht *mit* dem Bewusstsein denken (das versuchen das Ego und der Verstand), sondern *als* Bewusstsein?

Wahrnehmung in Punktzeit

Inzwischen ist das Wort *denken* eigentlich nicht mehr ganz angebracht. Lassen Sie es uns an dieser Stelle durch Wahrnehmung ersetzen. Mit Wahrnehmung lösen Sie Aufgaben, Schwierigkeiten und Fragen. Es ist ein anderer Vorgang als das Nachdenken. Nachdenken weist auf Vergangenheit und auf frühere Erfahrungen hin. Und noch etwas: Während Sie nachdenken, können Sie nicht mehr gleichzeitig im Bewusstsein sein. Sie entfernen sich dabei aus dem Bewusstsein und verlassen das Jetzt – Sie denken *nach*. Selbst wenn Sie über die Zukunft *nach*denken, gehen Sie in die Vergangenheit. Wenn Sie als Bewusstsein wahrnehmen, reduziert sich das Nachdenken (welches ja eine Zeit braucht) im linearen Verstand auf die Punktzeit. Nachdenken braucht Zeit – Wahrnehmung geschieht in Punktzeit. Sie richten Ihre Aufmerksamkeit auf ein Problem, eine Aufgabe oder eine Schwierigkeit, und während Sie noch Ihr Bewusstsein auf die Aufgabe ausrichten, fällt Ihnen die Lösung ein. Sie haben noch nicht zu Ende formuliert, und das Ergebnis ist schon da. Es ist wie beim Einschalten eines Lichts: Sie haben Ihren Finger noch nicht vom Schalter entfernt, da ist das Licht schon voll da.

Das ist Wahrnehmen als Bewusstsein. Das ist ein Teil des unsichtbaren Werkzeugs der zukünftigen Führungskräfte. Sie lösen ihre Aufgaben nicht mehr durch Nachdenken, denn damit versetzen sie die Lösung in die Grenzen der Erfahrung.

Führungskräfte der Zukunft überschreiten ihren Verstand und schaffen damit die wichtigste Voraussetzung für das Empfangen von Intuition. Das Lösen von Aufgaben, das Beantworten von Fragen und das Erkennen von Zusammenhängen geschieht im Bewusstsein durch Wahrnehmung – in Punktzeit.

25. Als Letztes betätigen Sie Ihre Denkzentren gleichzeitig. Bewegen Sie einmal Ihren Gedanken aus den vorhergehenden Übungen in allen Wahrnehmungszentren: im Kopf, im Bauch, im Herzen, im Bewusstsein, im dritten Auge. Überall gleichzeitig und nicht nacheinander. Sonst sind Sie wieder im Verstand und rutschen zurück in die Linearität und in die Begrenzung. Lassen Sie diesen Gedanken einmal in Ihren Wahrnehmungszentren, die zu einem einzigen Wahrnehmungszentrum verschmelzen, weit werden. Ihr Bewusstsein ist also jetzt weiter und höher als Ihr Körper. Das ist Ihr Denkzentrum. Die Unterschiede zu den einzelnen Zentren verschwinden – Sie denken als Bewusstsein.

Dieses Energiefeld, als das Sie denken, ist über zwei Meter hoch, vielleicht 1,5 Meter breit und tief. Es gibt nur ein Bewusstsein und nur noch eine Wahrnehmung.

26. Jetzt könnten Sie einmal diese holistische Wahrnehmung als Bewusstsein auf eine Aufgabe Ihrer Situation richten. Sie haben nun zwei Möglichkeiten: Sie können wahrnehmen, wie diese Aufgabe zu lösen ist. Sie können aber noch einen Schritt weitergehen und können Aufgaben geschehen lassen. Sie halten Ihre Aufmerksamkeit auf diese Aufgabe gerichtet als Bewusstsein, schauen ständig auf diese Aufgabe und nehmen einmal wahr, was dabei geschieht. Sie werden bemerken: Es vollzieht sich in Ihnen die Lösung. Die einzelnen Schritte werden sichtbar, Zusammenhänge, Telefonate, Kontakte, Verbindungen…
Die Lösung breitet sich vollkommen komplex in allen Details vor Ihnen aus. Sie brauchen nur Ihr Bewusstsein darauf gerichtet zu halten. Gewöhnen Sie sich an diese Art zu denken, denn sie beinhaltet unzählige Möglichkeiten.

Gehen Sie in diesem Energiefeld in Ihren Alltag! Die jetzige Übung besteht darin, dass Sie nun eine Lesepause einlegen, in Ihr normales Leben gehen und dabei versuchen, in diesem Bewusstsein und in dieser Wahrnehmung zu bleiben. *Bleiben Sie über sich hinausgewachsen!* Gehen Sie als dieses Energiefeld an Ihre nächste Handlung oder genießen Sie als dieses Energiefeld Ihr Mittag- oder Abendessen. Leben Sie einmal zwei Stunden lang als Ihr Bewusstsein.

Universelles Denken

Fassen wir noch einmal zusammen, wie weit wir bisher gekommen sind, und lassen Sie uns noch einmal in dieses Bewusstsein gehen. Machen Sie sich noch einmal bewusst, wo Sie sind. Seien Sie noch einmal ganz bewusst auf Ihrem Stuhl, Sessel, Ihrer Liege oder dort, wo Sie sich befinden. Machen Sie sich den Raum bewusst, in dem Sie sind. Versammeln Sie alle Aspekte um sich: Ihren Körper, Ihren Verstand, das Ego, das Gemüt, das Unterbewusstsein... Lassen Sie all dies hier sein – und seien Sie sich dann bewusst: All das sind Sie nicht. Sie sind der, der diesen Körper benutzt. Sie sind der, der denkt. Sie sind der, der fühlt. Sie sind Bewusstsein. Gehen Sie noch einmal ganz in die Selbstidentifikation, indem Sie sich aus der bisherigen Identifikation („Ich bin eine Persönlichkeit") lösen.

Also machen Sie sich ganz bewusst, wer Sie sind, und seien Sie ganz bewusst da! Sind Sie als Bewusstsein an Ihrem Platz präsent? Wenn Sie wirklich da sind, machen Sie sich auch Ihren Mittelpunkt bewusst. Wo sind Sie?

Dehnen Sie sich von dort aus über den Körper hinaus aus. Lassen Sie Ihr Energiefeld Bewusstsein nach allen Seiten hin weiter werden – bis über den Körper hinaus. Wachsen Sie auch über sich hinaus und erleben Sie die Situation aus der Sicht oberhalb Ihres Körpers. Wenn Sie über sich hinausgewachsen sind, schließen Sie sich an die eine Kraft an. Machen Sie sich bewusst: Sie sind ein Teil dieser einen Kraft! Erkennen Sie nun auch, dass Sie nie wieder auf Batterie zu laufen brauchen, Sie können ständig in der Kraft sein. Füllen Sie sich rundum mit dieser Kraft. Füllen Sie auch Ihren Körper, Ihr ganzes Sein. Werden Sie ein bewusster Teil dieser einen Kraft. Dann tauchen Sie ein in die Intuition, in das allumfassende Informationsfeld des All-Bewusstseins.

Dieses Informationsfeld erreichen Sie, wenn Sie über sich hinausgewachsen sind. Dann sind Sie in der Intuition und bleiben auf Empfang.

Wenn Sie in diesem Bewusstsein sind, gehen Sie noch einmal durch Ihre verschiedenen Denkzentren. Vergewissern Sie sich auch, dass die Tür zwischen den beiden Gehirnhälften offen ist und dass die linke und rechte Gehirnhälfte zusammen einen Denkraum bilden. Kommen Sie vom linearen zum holistischen Denken. Machen Sie sich Ihre anderen Denkzentren bewusst: Denken Sie noch einmal bewusst aus dem Bauch, mit dem Herzen, mit dem dritten Auge und als Bewusstsein. Fassen Sie diese verschiedenen Denkzentren zu einem Bewusstseinsfeld zusammen und denken Sie mit allen gleichzeitig: Denken Sie als holistisches Bewusstsein.

Lassen Sie uns nun noch einen Schritt darüber hinausgehen: Öffnen Sie dieses Bewusstseinsfeld so, dass Sie ein Teil des Ganzen werden. Und spüren Sie einmal, dass das ganze Universum Ihr Bewusstsein ist. Denken Sie als Universum. Jetzt sind Sie auf Empfang – für Intuition, für Kreativität, für alles, worauf Sie dieses universelle Bewusstsein richten. Sie kommen so zum universellen Denken. Probieren Sie es einmal aus: Nehmen sie eine Aufgabenstellung Ihres Alltags in Ihr universelles Bewusstsein. Es kann etwas ganz Alltägliches sein – Kindererziehung, berufliche Verbesserung, geistige Entwicklung, Optimierung der Partnerschaft oder ein Managementproblem. Es ist völlig egal, was Sie nehmen. Sie nehmen eine Aufgabe ins Bewusstsein, Sie sind in der Selbstidentifikation, Ihr Bewusstseinsfeld ist weit offen und Sie denken als Universum, als Ganzes. Im gleichen Augenblick erkennen Sie die Lösung und wissen die Antwort. Sie brauchen nie mehr nachzudenken. In dem Augenblick, in dem Sie zum *universellen Denken* gelangen, haben Sie etwas so Umfassendes gefunden, dass sich das übliche Denken in Zukunft erübrigt. Der Schritt ist einfach: Sie gehen in dieses universelle Bewusstsein (welches Sie sind), richten Ihr Bewusstsein auf Ihre Aufgabe und im gleichen Augenblick wissen Sie die Lösung. Sie nehmen wahr, was ist.

Intuition geschieht immer gleich dann, wenn Sie in Kontakt gehen. Wenn Sie die einzelnen Schritte vollzogen haben und wenn Sie über sich hinausgewachsen sind, ist es ganz einfach. Wenn Sie vom linearen Denken über das holistische Denken zum universellen Denken gekommen sind, schauen Sie auf Ihr Problem, erkennen die Lösung und wissen, was zu tun ist.

Auf die gleiche Art erschaffen Sie die Erinnerung an die Zukunft. Das heißt, im holistischen und universellen Bewusstsein richten Sie

Ihre Achtsamkeit auf einen erwünschten Zustand in der Zukunft, versetzen sich in diesen erwünschten Endzustand, erleben sich in diesem Endzustand, und sobald Sie drin sind, schauen Sie vom Ziel aus, wie man dort hinkommt, und machen sich den Weg bewusst.

Es kann sein, dass Sie jetzt einen geistigen Muskelkater bekommen, weil dies Zentren in Ihrem Bewusstsein aktiviert, die bisher wenig betätigt wurden. Aber das geht wieder vorbei. Wichtig ist, dass Sie den Weg kennen und wissen, wie es geht. Dass Sie lernen, Ihre Aufmerksamkeit nicht nur ein bis zwei Minuten gerichtet zu halten, sondern, wenn es erforderlich ist, eine halbe Stunde oder mehr.

Üben Sie diesen Weg! Anfangs kann es eine ganze Weile dauern, bis Sie die Lösung oder die Antwort für Ihr Anliegen bekommen, doch wenn Sie geübt sind, geschieht es irgendwann einmal in Nullzeit. Dann kommen Sie nicht einmal mehr richtig dazu, Ihre Frage zu Ende zu formulieren, schon erkennen Sie blitzartig die Lösung. Sie können sich dann gezielt irgendetwas einfallen lassen, Sie brauchen dabei nur noch dafür zu sorgen, dass die Leitung frei ist.

Sie haben nun Schritt für Schritt erfahren, wie Sie diese Leitung frei machen, wie Sie den Kontakt herstellen und wie Sie sich gezielt irgendetwas *ein*fallen lassen können. Was Sie jetzt noch üben sollten, ist, Ihre Aufmerksamkeit auf einen Punkt gerichtet zu halten (auf Ihre Frage, die Aufgabe oder den Weg zu einem gewünschten Endzustand). Wiederholen Sie dazu so lange die Frage/Aufgabe in sich, halten Sie ihr Bewusstsein so lange darauf gerichtet, bis Sie die ganze Lösung erfasst und sich die Antwort bewusst gemacht haben. Es liegt nicht an der Intuition, wenn es eine Zeitlang dauert, Intuition geschieht ja in Punktzeit. Manchmal dauert es eine Weile, bis wir verstanden und erfasst haben, was uns da eingefallen ist.

Das ist ungefähr so, wie wenn Sie eine Frage stellen und im selben Moment mit der Post vom lieben Gott eine Antwort bekommen. In dem Augenblick, in dem Sie Ihre Frage stellen, hören Sie den Postkasten klappern. Der Brief ist bereits angekommen, aber Sie haben ihn noch nicht gelesen, wissen noch nicht, was drin steht. Es braucht noch seine Zeit, bis Sie den Brief aufgemacht, gelesen und verstanden haben.

Sie können das sehr leicht beim Autofahren prüfen. Vielleicht fahren Sie immer wieder die gleiche Strecke zu Ihrem Arbeitsplatz oder wohin auch immer. Vielleicht spüren Sie an einem Tag eine innere

Unruhe, die so stark wird, dass Sie sich schon selbst fragen: „Was ist los?" – Im gleichen Moment nehmen Sie die Antwort wahr: „Fahr jetzt rechts!" (Sie können dies unterschiedlich wahrnehmen, als innere Stimme, als inneres Bild, als innere Gewissheit – es gibt verschiedene Kanäle der Intuition.)

Sie nehmen einen anderen Weg. Am nächsten Tag lesen Sie in der Zeitung: Ein schwerer Unfall mit mehreren Toten ereignete sich auf dem Weg zu Ihrer Arbeit zu dem Zeitpunkt, an dem Sie diesen Ort eigentlich passiert hätten. Sie haben, durch Ihre innere Stimme geführt, ausnahmsweise einen anderen Weg gewählt. Sie hätten ein Opfer dieses Unfalls werden können!

Es könnte auch sein, dass Sie diesen anderen Weg gewählt und einen leichten Unfall mit Bagatellschäden verursacht haben – und dabei haben Sie Ihren Traumpartner kennen gelernt.

Autofahren ist ein wirklich gutes Intuitions-Training, wenn Sie für solche Botschaften offen sind. Wenn Sie Straßen nutzen, die Sie nie gefahren sind, fragen Sie sich ganz bewusst: Was ist der beste Weg? Sie werden SOFORT über Ihre Intuition eine Antwort bekommen.

Intuition geschieht immer sofort. Was wir anfangs ein bisschen üben könnten, ist die Wahrnehmung der Wahrnehmung. Wir sollten uns bewusst machen, was uns eingefallen ist.

Noch eine kleine Hilfe,
die Sie für Intuition empfänglicher macht

Wenn Sie wollen, können Sie sich einen geistigen Trigger schaffen, mit dem Sie Ihre Intuition gezielt anrufen können. Stellen Sie sich vor, Sie haben ein ganz besonderes Handy, welches Sie nur für den Anruf bei der Intuition verwenden. Oder Sie nehmen Ihr eigenes Handy und benutzen eine Geheimnummer, mit der Sie direkt zur Intuition und zum allumfassenden Informationsfeld durchwählen. Sie haben dafür eine Nummer, die Sie sonst nie wählen, zehnmal die Null oder irgendeine andere Nummer. Nehmen Sie dafür einen ganz bestimmten Anlass und behalten Sie diesen bei, so dass Ihr Unterbewusstsein und Ihr Verstand wissen, dass Sie gerade mit Ihrer Intuition in Kontakt gehen. Probieren Sie es einfach einmal aus. Sie haben Ihr Handy, Sie haben Ihre Geheimnummer und Sie haben eine Frage oder Situation, die Sie lösen wollen. Sie wählen Ihre Nummer, halten das Handy an Ihr Ohr, stellen Ihre Frage und hören, was die Intuition Ihnen antwortet. Halten Sie auch hierbei die Aufmerksamkeit gerichtet auf die Antwort. Bleiben Sie so lange dran, bis Sie verstanden haben. Das ist der Weg zur Intuition.

Ein Beispiel: Sie suchen eine neue Stelle. Die Frage dazu lautet also: „Wie finde ich jetzt die für mich richtige Stelle?" oder „Welche Schritte sind zu tun, damit ich jetzt die für mich richtige Stelle finde?" Bleiben Sie in diesem Beispiel mit dem Handy, machen Sie sich immer nur diese Frage bewusst und lassen Sie sich in diesem Bewusstsein Zeit. Denken Sie nicht nach, sondern halten Sie nur Ihre Aufmerksamkeit gerichtet. Das heißt, Sie schauen hin, hören hin, nehmen wahr, was kommt. Wenn wirklich noch ein Gedanke kommen sollte, dann sagen Sie: „Jetzt nicht, jetzt nehme ich wahr."

Versetzen Sie sich in die Situation, wenn Sie im Konzert sitzen und der Musik zuhören. Da denken Sie nicht darüber nach, wann der Geiger einsetzen müsste, sondern halten Ihre Aufmerksamkeit auf das Konzert gerichtet. Sie analysieren nicht, was geschieht, Sie lassen das Konzert auf sich wirken. Sie nehmen wahr. Wenn Ihnen ein Gedanke kommt, lassen Sie ihn sofort wieder los. So sitzen Sie in der Intuition – genauso konzentrativ entspannt wie im Konzert – und nehmen wahr, was die Intuition zu Ihren Fragen zu sagen hat.

Mit hilfreichen Gewohnheiten die Intuitionsfähigkeit steigern

Wenn Sie aus der Intuition leben wollen, sollten Sie eine Reihe hilfreicher Gewohnheiten annehmen.

Gewohnheit 1:
Beginnen Sie jeden Tag erst dann, wenn Sie ganz zu Bewusstsein gekommen sind. Das heißt, Sie wachen jeden Morgen zehn Minuten

früher auf und machen sich zuerst bewusst, wer Sie sind. Sie sind Bewusstsein!

Wenn Sie sich ganz an die eine Kraft angeschlossen haben und über sich hinausgewachsen sind, erst dann beginnen Sie Ihren Tag.

Gewohnheit 2:

Erinnern Sie sich mehrmals täglich an Ihre Identifikation. Dafür können Sie irgendwelche Auslöser zum Anlass nehmen, z. B. wenn Sie jemand anruft. Wenn es klingelt, fragen Sie sich, ob Sie auch ganz da sind, und machen Sie sich bewusst: „Da will jemand mich sprechen, mich *selbst*. Bin ich *selbst* denn da, oder bin ich wieder im Verstand, in der Persönlichkeit?"

Richten Sie zuerst Ihr Bewusstsein aus und gehen Sie dann ans Telefon.

Gewohnheit 3:

Legen Sie Besinnungsminuten ein. Jedes Mal, wenn Sie eine Arbeit abgeschlossen haben und eine neue beginnen: Halten Sie inne und machen Sie sich wieder bewusst, wer Sie sind. Seien Sie ganz präsent! Wenn Sie wieder im Einklang sind, beginnen Sie mit der neuen Arbeit.

Gewohnheit 4:

Schlafen Sie abends erst ein, wenn Sie wieder ganz in Ihrem Bewusstsein sind! Gehen Sie wieder durch die einzelnen Stufen: Machen Sie sich Ihre Mitte bewusst, lassen Sie Ihr Energiefeld weit werden, wachsen Sie über den Körper hinaus, schließen Sie sich an die eine Kraft an, tauchen Sie ein in das All-Bewusstsein, seien Sie ganz im Hier und Jetzt – und schlafen Sie ein.

Gewohnheit 5:

Schärfen Sie Ihre Sinne! Lassen Sie Erinnerungen lebendig werden. Erinnern Sie sich an eine Situation und entscheiden Sie dann, dass Sie sich an die Situation nicht nur erinnern, sondern sie noch einmal *erleben*. Wenn Sie vom Verstand her einzelne Details aus Ihrer Erinnerung nicht mehr aufzählen können, gehen Sie ins Erleben und sehen alles noch einmal vor sich. Lassen Sie die Situation noch einmal lebendig werden.

Diese Methode ist zum Beispiel sehr praktisch, wenn Sie Ihre Schlüssel verlegt haben. Sie können sie durch Nachdenken wiederfinden, aber es ist viel einfacher, Sie nehmen einfach wahr, wie es gewesen ist, als Sie Ihren Schlüssel noch hatten. Sie gehen in diesen Zeitpunkt und schauen zu, wo Sie den Schlüssel hingelegt haben.

Schärfen Sie Ihre Sinne! Eine Übung

Der folgende Abschnitt möchte Ihnen den Unterschied zwischen Nachdenken und Erleben verdeutlichen. Lassen Sie einmal eine Erinnerung lebendig werden. Halten Sie einen Moment inne und erinnern Sie sich an heute Morgen. Gehen Sie noch einmal zurück in den Augenblick, in dem Sie aufgewacht sind. Entscheiden Sie sich dafür, dass Sie sich nicht daran erinnern, sondern dass Sie es noch einmal erleben. Das heißt, Sie stellen sich vor, es ist wieder Morgen und Sie wachen noch einmal auf. Sie erleben es genau so, wie es heute Morgen war. Mit welchem Fuß sind Sie zuerst aufgestanden? Sind Sie zur Toilette oder ins Bad gegangen? Was haben Sie zuerst in die Hand genommen? Nicht nachdenken! Erleben Sie noch einmal den Beginn. Spüren Sie den Unterschied? Vielleicht können Sie sich nicht mehr erinnern, ob Sie zuerst zur Zahnbürste oder zum Kamm gegriffen haben, aber wenn Sie es erleben, wissen Sie es, dann ist es wieder lebendig.

Was haben Sie zuerst gemacht, als Sie am Frühstückstisch gesessen sind? Haben Sie das Messer in die Hand genommen oder das Marmeladenglas geöffnet? Haben Sie zuerst Kaffee eingeschenkt oder war das schon? Haben Sie Milch oder Zucker hinzugegeben oder nicht? Wo haben Sie die Kanne hingestellt? Wie weit war sie von Ihrer Tasse entfernt?

Wenn es klappt, dann überschreiten Sie schon Ihren Verstand, denn daran können Sie sich wahrscheinlich nicht mehr erinnern. Wenn Sie es erleben, dann sehen Sie es wieder vor sich. Genau diesen Schritt gilt es zu vollziehen, das ist gemeint mit *Sinne schärfen*. So sollten wir ständig üben, unsere Sinne zu aktivieren.

Verbinden Sie die Realität mit Ihrer Fantasie!

Gehen Sie in Ihre Kindheit zurück. Versetzen Sie sich in das Haus oder in die Wohnung, in der Sie damals mit Ihren Eltern gewohnt haben. Tauchen Sie in irgendeine kleine Szene ein. Es ist egal, in welche Zeit oder Szene Sie eintauchen, es ist nur wichtig, dass Sie alles lebendig werden lassen. Schauen Sie, was Sie anhaben, was Ihre Mutter anhat, wie die Möbel aussehen, mit welchem Spielzeug Sie spielen. Spüren Sie noch einmal Ihren kleinen Körper und wie leicht, frei, gesund und wie unbekümmert Sie sind. Daran können Sie sich nicht erinnern, aber Sie können es sofort lebendig werden lassen.

Versuchen Sie auch, nicht nur die Dinge zu sehen, sondern aktivieren Sie alle Sinne! *Riechen* Sie noch einmal, wie es dort gerochen hat, und *fühlen* Sie, wie sich Ihr Spielzeug anfühlt. *Hören* Sie das Öffnen der Türen oder Geräusche von nebenan?

Lassen Sie dann noch etwas geschehen, was noch nie geschehen ist: Das heißt, fügen Sie der Realität etwas hinzu, was so nicht passiert ist. Es ist ganz egal, was es ist. Wichtig ist, dass Sie ein Ereignis in Ihrer Fantasie schaffen und mit der gegebenen Realität verbinden. Sie wissen schon, worauf wir hinauswollen: So schafft man Zukunft. Aber jetzt fügen wir das erst einmal zur Übung der Vergangenheit hinzu. Sie können z.B. jemandem einen besonderen Hut aufsetzen, den er noch nie getragen hat. Damit sind Sie gezwungen, Fantasie und Realität miteinander zu verbinden. Oder lassen Sie jemanden etwas zu Ihnen sagen, was er noch nie zu Ihnen gesagt hat.

Das Gleiche könnten Sie jetzt in die Zukunft versetzen. Stellen Sie sich vor, derjenige sagt das in Zukunft einmal zu Ihnen. Dann hätten Sie in der Fantasie einen erwünschten Endzustand geschaffen, und wenn Sie jetzt überzeugt sind, dass es geschieht, haben Sie gerade eine Ursache gesetzt und erleben es in absehbarer Zeit. Falls Ihnen das zu fantastisch erscheint, nachfolgend ein handfestes und nützliches Beispiel:

Sie haben einen Kunden, der die Rechnung nicht bezahlt, oder Sie haben jemandem Geld geliehen. Ein paar Mal haben Sie schon angemahnt und alles Mögliche unternommen und es wäre Ihnen sehr recht, wenn in der nächsten Woche die Zahlung einginge. Lassen Sie jetzt einmal in Ihrer Fantasie die Zahlung eingehen. Der Freund kommt, gibt Ihnen das Darlehen zurück oder der Kunde schickt einen

Scheck. Aber jetzt machen Sie es bitte nicht so, wie Sie es bisher gemacht haben (nämlich daran denken), sondern stellen Sie sich das ganz lebendig vor. Genau so, wie Sie in obiger Übung den heutigen Morgen erlebt haben, so erleben Sie das, was noch nicht geschehen ist. Erleben Sie einmal Ihre Reaktion. Erleben Sie, wie Sie sich freuen, wenn dieser Betrag eingeht, wie dankbar und froh Sie sind. Versetzen Sie sich ganz lebendig in die Situation des erfüllten Wunsches. Spüren Sie diese Energie, wie angenehm das ist, bejahen Sie es innerlich! Prüfen Sie, ob es Ihnen natürlich erscheint, was da geschieht, und indem Sie es innerlich bejahen, akzeptieren Sie es als Überzeugung. Damit wird es zur Ursache.

Dieses Buch kann Ihnen viel Geld sparen, wenn Sie auf diese Weise Ihre Außenstände hereinholen. Vielleicht sagen Sie sich jetzt gerade: „Das käme mir sehr recht", doch Vorsicht: Dies ist die Haltung eines Opfers und damit werden keine Ursachen gesetzt. Erinnern Sie sich an unseren Lichtschalter? Wenn Sie im Dunkeln sitzen, genügt es nicht zu wissen, wo der Lichtschalter ist. Es hilft Ihnen auch nicht, wenn Sie sich sagen, dass es schön wäre, wenn jetzt das Licht anginge. Sie sollten schon drauf drücken! Das heißt, Sie sollten eine Möglichkeit in der Zukunft in Ihrer Vorstellung zur lebendigen Gegenwart werden lassen. Das ist alles. Dann muss es geschehen, denn dann haben Sie eine Ursache gesetzt und das Leben hat ja keine Wahl – es vollzieht genau das, was Sie als Schöpfer verursacht haben.

Das verhält sich genauso wie mit dem Bauern und dem Acker: Wenn der Bauer Rüben gesetzt hat, kann der Acker keinen Weizen und keine Kartoffeln hervorbringen. Ebenso wenig wie die Natur eine Wahl hat, hat die Zukunft eine Wahl. Das heißt, wenn Sie eine Ursache setzen, können Sie sich darauf verlassen, dass daraufhin immer die entsprechende Wirkung erfolgt, und zwar ohne Ausnahme. Dabei brauchen Sie nur diese Schritte zu vollziehen: Sie gehen in die Zukunft, machen sich bewusst, wie sie aussehen soll, wählen eine Möglichkeit der Zukunft aus und lassen sie in diesem Augenblick in Ihrer Fantasie lebendig werden. Sie versetzen sich in diese Vorstellung und nehmen die Zukunft damit in Besitz. Wenn Sie dann in Einklang sind und es als natürlich empfinden, dass es auch so eintrifft, können Sie sich darüber freuen und diesen Punkt als erledigt betrachten. Sie können es loslassen und brauchen nichts mehr zu tun. Der Bauer sät mit einem Handgriff: Er nimmt das Saatgut und lässt es los, die Sache ist erledigt.

Wie der Verstand manchmal stören kann

Intelligenz und Logik sind unschätzbare Werkzeuge, doch wenn wir nicht Acht geben, hindern Sie uns mehr, als sie uns dienen. Gehen wir noch einmal zurück zu unserem Bild vom Bauern, der seinen Acker bestellt und Weizen ausgesät hat. Dieser Bauer trifft auf einen Großstadtmenschen, der den Zusammenhang nicht so gut kennt, und hört den Bauern sagen: „Da wächst jetzt Weizen." Der Städter entgegnet: „Ich glaube das nicht. Zuerst einmal sieht der Acker genauso aus wie der daneben, wo Sie sagen, dass nichts wächst. Und dann wissen Sie doch: Wenn man lebendiges Saatgut in Dunkelheit und Feuchtigkeit gibt, dann verfault das und verkommt. Dann wächst nichts." Der Bauer ist der Meinung, dass sich das vielleicht alles richtig und logisch anhört, doch er weiß ganz sicher, dass sein Weizen wächst. Und er behält Recht.

Das heißt nun, wenn Sie das, was Sie säen, auch eines Tages wachsen sehen wollen, dann ist der letzte Schritt für Sie jetzt, dass Sie akzeptieren, dass so Realität entsteht. Sie brauchen das, was hier geschrieben steht, nicht einmal zu glauben, Sie brauchen es nur auszuprobieren, dann wissen Sie es.

Stellen Sie sich vor, Sie sind mit einem Freund zusammen im Dunkeln, und in Ihrer Nähe ist der Lichtschalter und der Freund bittet Sie, Sie sollten mal draufdrücken. Denken Sie, dass Sie mit ihm anfangen würden zu diskutieren wie „Ich kann mir nicht vorstellen, dass es damit hell werden soll... wir sind jetzt so lange in der Dunkelheit. Und dann soll es so einfach sein?... Und man drückt da nur drauf und da gehen plötzlich die Lampen an? Wenn das so einfach wäre, würde ja niemand im Dunkeln stehen..." Glauben Sie kein Wort, aber drücken Sie einfach drauf.

Wenn Sie auf den Lichtschalter drücken, brauchen Sie auch nicht zu wissen, wo die Leitungen liegen, welche Sicherungen es gibt, wo das Elektrizitätswerk sich befindet und ob die Rechnung bezahlt ist. All dies ist nicht notwendig, damit es hell wird. Sie drücken drauf und das Licht geht an. Genauso ist es hier. Versuchen Sie nicht zu analysieren, wie das Leben das macht. Quälen Sie sich nicht mit langen Diskussionen, drücken Sie einfach nur drauf. Dann ist die Sache erledigt.

Am Ende muss das Leben das manifestieren, was Sie jetzt verursachen, das Leben hat keine Entscheidungsfreiheit. Setzt ein Schöpfer eine Ursache, bringt das Leben die entsprechende Wirkung hervor. Der Acker kann mit dem Bauern nicht darüber diskutieren, warum er schon wieder Weizen gesät hat. Wenn der Bauer Weizen sät, wächst dort Weizen. Die geistigen Gesetze funktionieren absolut zuverlässig. In Wirklichkeit ist es ganz einfach: Realität gibt es nur bis zur Gegenwart. Die Realität der Zukunft ist noch vollkommen offen und wartet darauf, wie sie gestaltet wird. Sie als Bewusstsein haben die Fähigkeit, Ursachen zu setzen. Bewusstsein hat die Vollmacht, Ursachen zu setzen. Dabei ist es völlig egal, welche Ursache Sie setzen.

Dem Leben ist es egal, welche Ursachen Sie setzen.
Es gibt nur eine einzige Barriere zu überwinden:
Sie müssen es sich selber glauben!

Warum? Das Leben kann Ihnen nichts geben, was Sie sich selbst vorenthalten.

Multidimensionale Imagination

Haben Sie Interesse daran, Ihren IQ zu steigern? Wenn Sie bereit sind, könnten Sie wirklich noch etwas tun, um Ihre Intelligenz zu verbessern. Sicherlich besitzen Sie einen brillanten Verstand. Doch ohne ihn geringschätzen zu wollen, gehen wir einfach mal davon aus, dass er noch zu optimieren ist. Der Verstand ist ein wunderbares Werkzeug, er ist nur ein miserabler Herr und als Herr ist er nicht brauchbar. Als Werkzeug dient er Ihnen, die Steuererklärung auszufüllen, eine Rede vorzubereiten, sich eine Ausrede einfallen zu lassen, wenn Sie zu spät nach Hause kommen.... In solchen Fällen kann Ihnen Ihr Verstand sehr hilfreich sein. Intelligenz ist aber weit mehr als der verstandesmäßige Intellekt. Unser Verstand ist das Werkzeug, etwas zu verstehen. Wenn ich etwas lese oder eine Erfahrung mache, heißt es nicht, dass ich es auch sofort verstanden hätte. „Verstand" ist sozusagen „kognitive Intelligenz". Wir kennen aber auch noch viele andere Arten von Intelligenz wie emotionale, soziale, spirituelle. Ja, wir sprechen auch von „Körperintelligenz". Der Körper hat in seiner Funktionsweise eine Intelligenz, die wir nicht verstehen müssen, derer wir uns nicht einmal bewusst sein müssen.

Der Verstand ist die kognitive, mentale Form des Intellekts. Intelligenz ist die Sensibilität Ihres Bewusstseins für alle emotionalen, sozialen, spirituellen Erfahrungsmöglichkeiten – und das kann man steigern.

Eine ideale Übung – nämlich multidimensionale Imagination – haben Sie sicher schon gemacht, zum Beispiel, wenn Sie mit jemandem telefonieren und gleichzeitig Männchen malen. Oder Sie notieren sich etwas, während Sie sich mit jemandem unterhalten. Worauf es ankommt, ist, dass Sie lernen, zwei Dinge gleichzeitig zu tun. Das kann Ihr Verstand nämlich nicht. Sie sollten dabei jedes Mal Ihren

Verstand überschreiten. Der Verstand kann immer nur eins nach dem anderen. Wenn Sie zwei oder drei Dinge gleichzeitig tun, überschreiten Sie Ihren Verstand.

Gehen wir in solch eine multidimensionale Imagination. Halten Sie einen Moment inne und versetzen Sie sich einmal in Ihren letzten oder schönsten Urlaub. Vielleicht ist es auch ein Urlaub, der noch nie stattgefunden hat. Während Sie in diesem Urlaub am Strand sitzen oder liegen, die Sonne spüren, zählen Sie einmal rückwärts, ohne dabei die Vorstellung zu unterbrechen. Sie bleiben am Strand, Sie liegen in der Sonne. Sie spüren die warme Sonne auf Ihrer Haut, hören das Rauschen des Windes in den Palmen, es ist angenehm warm, Sie fühlen sich wohl, Sie liegen am Strand und Sie zählen 99, 98, 97, … spüren immer noch die Sonne, hören den Wind in den Palmen, das Meer rauschen, 94, 93, 92… (Es lässt sich hier nur nacheinander aufschreiben, aber Sie machen das natürlich gleichzeitig mit Ihrem multidimensionalen Erleben.) Diese noch einfache Übung schärft Ihre Sinne und das steigert Ihre natürliche Intelligenz.

Gleich wird es ein bisschen anspruchsvoller: Es folgt eine der klassischen, mindestens fünftausend Jahre alten Übungen zur Steigerung dieser Intelligenz des Bewusstseins:

Übung:
Wenn Sie bereit sind, schließen Sie die Augen und stellen Sie sich eine Rose vor. Versuchen Sie, diese Rose vor sich zu sehen, und halten Sie dieses Bild auf Ihrem geistigen Bildschirm fest. Sehen Sie einfach diese Rose. Das braucht gar nicht so detailliert genau zu sein, es kommt nur darauf an, dass Sie ununterbrochen diese Rose vor sich sehen. Das ist natürlich noch leicht. Sie schauen einfach auf diese Rose. Die zweite Übung, die Sie gleichzeitig damit verbinden: Sie zählen Ihre Atemzüge von 1–20. Während Sie also ununterbrochen diese Rose vor sich sehen, zählen Sie langsam (evtl. bei jedem Ausatmen) weiter. Sobald Ihnen einen Moment die Rose weggerutscht ist oder Sie nicht mehr wissen, bei welchem Atemzug Sie sind, sollten Sie wieder von vorne anfangen.

Es gibt Leute, die haben monatelang probiert, bis sie einmal bis zwanzig gekommen sind. Es sind zwei ganz einfache Dinge, die Sie sofort können. Das Besondere ist nur, sie gleichzeitig zu tun. Während Sie die Rose ununterbrochen sehen, zählen Sie Ihre Atemzüge. Sie rutschen raus, wenn Sie in den Verstand gehen, denn der kontrolliert diese Übung. Sobald

Sie in den Verstand gehen, können Sie nämlich nur eines von beiden machen. Dann ist ent-
weder die Rose weg oder Sie haben sich verzählt. Wenn Sie im Bewusstsein sind, ist das
ganz leicht. Dann ist es eine Kinderübung.

Dies ist eine sehr alte Übung, mit der man sicher den Verstand über-schreiten kann. Es gibt Menschen, die brauchen Jahre, um diese Übung zu beherrschen, und wenn Sie es dann geschafft haben, kön-nen Sie nicht mehr verstehen, was daran so schwierig gewesen sein soll. Es ist so einfach wie alles, wenn man es kann, und so wird es auch für Sie irgendwann ganz einfach sein, und dann freuen Sie sich, weil Sie durchgehalten haben. Sobald Sie zwei Dinge gleichzeitig tun (es kann auch etwas ganz anderes sein), sollten Sie Ihren Verstand zu-verlässig überschritten haben, denn der könnte nur „entweder oder". Sobald Sie beides gleichzeitig beherrschen, sind Sie im Bewusstsein. Vielleicht ist es noch nicht optimal, aber Sie wissen auf jeden Fall, dass Sie den Verstand überschritten haben.

Ihrer Fantasie sind keine Grenzen gesetzt. Erfinden Sie, wenn Sie Lust dazu haben, noch ganz andere imaginative Übungen:

Konzentrative Entspannung

Ein weiteres Beispiel ist imaginatives Bergsteigen. Dabei kann man sehr gut seine Sinnestore öffnen, die Sinne aktivieren. Sie fühlen den Fels, Sie spüren den Wind, die Sonne, Sie hören die Vögel zwitschern, Sie riechen den Duft der Erde, der Blumen, der Wiese, Sie können also alle Sinne aktivieren, während Sie ganz konzentrativ und völlig entspannt in Ihrer Vorstellung den Berg hinaufsteigen. Sie können also innerlich ganz gelöst sein, und doch sind Sie höchst konzentriert. Für den Verstand ist dies ein Gegensatz – er verbindet Konzentration mit Anspannung. Als Maßstab dient Ihnen: Wenn Sie sich anspannen, können Sie sich nach ein paar Minuten nicht mehr konzentrieren, weil es Sie anstrengt. Wenn Sie sich bei der Konzentration erholen, ma-chen Sie es richtig. Wahre Konzentration ist erholsam. Das heißt, wenn Sie mit Ihrem Tun verschmelzen, wenn Sie eins sind mit dem, was Sie tun, dann verfliegt die Zeit, dann werden Sie nicht müde, dann haben Sie keinen Hunger, dann ist es einfach schön, dann sind Sie im Flow. Das ist gemeint mit konzentrativer Entspannung:

Leben Sie so, als säßen Sie ständig im Konzert!

Die Hunzas, ein Bergvolk, das keine Krankheiten kennt, leben diese Form von Konzentration. Die Hunzas sagen sich: *Je stärker die Belastung, desto gelöster werde ich innerlich.* Wir spüren bei den Hunzas eine gelöste Heiterkeit bei allem, was sie tun. Wenn Sie mit einem Hunza zusammen sind, haben Sie immer das Gefühl, als wäre gerade etwas Angenehmes geschehen oder als erführen Sie gerade eine gute Nachricht. Hunzas befinden sich immer in einer freundlichen Gelassenheit, obwohl sie sehr hart arbeiten.

Versuchen Sie einmal, wenn Sie gerade dabei sind sich anzuspannen, um etwas zu erreichen, in die Lösung zu gehen und es zu tun. Sie können sehr dynamisch sein. Doch je dynamischer Sie im Außen werden, desto gelöster sollten Sie im Inneren sein. Dazu sind solche Übungen (z. B. imaginatives Bergsteigen) sehr hilfreich, weil es alle Sinne aktiviert.

Wie man eine Möglichkeit der Zukunft zur Realität gestaltet

Sie können natürlich noch multidimensionaler werden. Wie wäre es denn, wenn Sie einmal in Ihrer Imagination einen Konzern erfolgreich führen? Es erwarten Sie dabei sehr vielfältige Aufgaben, die Sie möglichst alle gleichzeitig erfüllen sollten. Viele Unternehmensführer sagen von sich, dass sie diese Aufgabe einigermaßen oder sogar sehr gut beherrschen. Es gibt zahlreiche Führungskräfte, die absolute Profis in ihrem Beruf sind, doch privat sind Sie Amateure und nicht selten liegt die Partnerschaft danieder. Dafür ist vielleicht keine Zeit, kein Bewusstsein oder was auch immer.

Durch Vorauserleben könnten Sie auch Ihre Partnerschaft optimieren. Damit setzen Sie ja wieder eine Ursache – Sie brauchen sich also nur vorzustellen, wie sich Ihre Partnerschaft entwickelt. Das Ergebnis können Sie dabei so lange verändern, bis es Ihnen richtig gefällt. Wenn Sie so weit sind, bleiben Sie dabei und bejahen es innerlich. Dies ist der geheimnisvolle Schritt, wie man durch Identifikation eine Möglichkeit der Zukunft zur Realität der Gegenwart macht: Sie schlüpfen in die Situation hinein, stellen sich die erwünschte Situation der Zukunft vor, und wenn Sie genau wissen, wie Sie es haben wollen, dann versetzen Sie sich in diese gewünschte Situation und erleben Sie sie. Sehen Sie sich selbst in der sich noch zu schaffenden Situation! Wie fühlt sich das an? Wie geht es Ihnen dabei? Vielleicht sehen Sie sich ein Schild an die Tür schrauben mit der Aufschrift „Direktor" oder was immer Sie auch gerade erreichen wollen. Was sagen die Mitmenschen in Ihrer Umgebung dazu? Werden Sie beglückwünscht oder beneidet? Wie reagiert Ihre Familie auf Ihren Erfolg?

Versetzen Sie sich ganz lebendig in die Situation und nehmen Sie sie in Besitz, indem Sie Teil dieser Vorstellung werden. Wenn Sie damit dann im Einklang sind, wenn es keinen Widerstand und keine Zweifel mehr gibt, wenn Sie innerlich genau wissen, dass es so ist, dann können Sie loslassen, dann ist es eine Ursache. Dann haben Sie durch Identifikation aus der Möglichkeit der Zukunft die Realität der Gegenwart gemacht. So wurde es von Ihnen mit absoluter Gewissheit verursacht. Fertig.

Auf diese Weise können Sie jedes beliebige Ereignis herbeiführen, ganz egal, was es ist, und genau so können Sie natürlich auch Ihre Intuition verbessern. Es ist schon unglaublich: Auf der einen Seite existiert ein so fehlerfreies Wahrnehmungsinstrument, das allen Menschen nach einem Training in unbegrenzter Weise zugänglich ist, und auf der anderen Seite funktioniert es nur, wenn wir den Verstand überschritten haben.

Zukunft gestalten…

Jeder bekommt das, was er verursacht,
doch nur der Erfolgreiche gibt es auch zu.

– – –

Niemals wird dir ein Wunsch gegeben,
ohne dass dir auch die Kraft verliehen wurde,
ihn zu verwirklichen.

– – –

Manche Menschen würden eher sterben
als nachzudenken. Und sie tun es auch.

Wissenswertes zur Intuition

Bisher haben wir in unseren Führungspositionen vorwiegend den Verstand gebraucht und fast ausschließlich diesen trainiert. Doch solange wir das tun, bleibt die Intuition verschlossen.

Die logische Methode des Verstandes und die herkömmliche Art, Wirklichkeit als solche zu erkennen, sind fehlerhaft und begrenzt. Ihre Zeit geht zu Ende; wenn nicht, werden diejenigen, die im Bewusstsein sind, an den anderen vorbeiziehen. Wenn Sie ausschließlich im Verstand bleiben, werden Sie schon in den nächsten paar Jahren feststellen, dass Sie sich das nicht mehr leisten können. Der Verstand alleine ist unseren Aufgaben nicht mehr gewachsen. Es geht einfach nicht mehr, ebenso wenig, wie es funktioniert, wenn jemand in der heutigen Welt ausschließlich seinen Instinkten folgen würde. Intuition wird für uns immer notwendiger, nicht zuletzt, weil die Ergebnisse der Intuition absolut frei von Irrtümern sind.

Es ist eigentlich unverständlich, dass diese treffsicherste Form der Entscheidungsfindung erst jetzt und ganz langsam – und noch mit Vorbehalten – entdeckt und trainiert wird. Warum? Wer beurteilt denn die Ergebnisse der Intuition? Der Verstand! Normalerweise ist da jemand, der einen brillanten Verstand hat und mit ihm urteilt. Ein Beispiel: Ein Chef überlegt, ob er seine Mitarbeiter zum Intuitionstraining schicken soll. Urteilt er selbst rein aus dem Verstand, ist das der falsche Maßstab, und wenn er selbst weiterhin aus dem Verstand lebt, wird es passieren, dass seine Mitarbeiter (die er zum Training geschickt hat und die nun dieses fantastische Instrument *Intuition* kennen gelernt haben) eines Tages an ihm vorbeiziehen.

Das größte Handicap für die Durchsetzung der Intuition ist die Tatsache, dass diese Intuition nur außerhalb des Verstandes funktioniert. Wir sollten uns also irgendwann einmal entscheiden, ob wir weiterhin versuchen wollen, mit dem Verstand zurechtzukommen, oder ob wir bereit sind, unser natürliches, geistiges Erbe anzutreten und die Intuition zu nutzen.

Intuition stellt sich am leichtesten ein, wenn man keine Erwartungen hat und keine Vermutungen anstellt. Also denken Sie am besten gar nicht darüber nach, wie Ihr Ergebnis denn aussehen wird oder was Ihnen Ihre Intuition gleich sagen mag. Wenn Sie das tun, sind Sie sofort wieder im Verstand und schließen die Türe zur Intuition. Somit kann nichts geschehen. Bleiben Sie offen!

Welcher Intuitionstyp sind Sie?

Anfangs werden sich Ihnen vermutlich die richtigen Informationen als Bilder, als Farben, als Stimmen oder als Gefühl zeigen.
Zu Beginn ist es ganz hilfreich, wenn Sie herausfinden, welcher Intuitionstyp Sie sind. Doch egal, welcher Intuitionstyp Sie sind – Intuition geschieht trotzdem ständig auf allen Frequenzen. Es gelingt Ihnen nur besser, auf der einen oder anderen Frequenz zu empfangen. Deswegen ist es anfangs ganz sinnvoll, dass Sie sich auf eine bestimmte Frequenz einstellen. Nehmen Sie die, die Ihnen am besten liegt und am leichtesten fällt, und erschließen Sie erst im Laufe der Zeit und ganz allmählich die anderen Frequenzen!

Wenn Sie ein **visueller Typ** sind, dann stellen Sie sich Ihre Wirbelsäule als offenen Kanal vor, über den die gewünschte Information intuitiv einfließt. Stellen Sie sich vor, dass ein Teil des universellen Informationsfeldes All-Bewusstsein Sie so ständig erfüllt und alle Informationen enthält, die Sie brauchen. Damit haben Sie auch imaginativ Intuition in sich. Sie sind erfüllt von Intuition, Ihre Wirbelsäule ist ein Kanal, der ständig in Kontakt ist mit der Intuition, und Intuition drückt sich dann in Bildern aus. Sie sehen das Ergebnis der Intuition bildhaft vor sich.

Wenn Sie ein **auditiver Typ** sind, dann lauschen Sie nach innen auf die leise Stimme der Intuition, die durch Ihre Hinwendung immer lauter wird. Machen Sie sich dabei auch die Eigenheiten dieser besonderen Stimme bewusst, damit sie sich sicher von anderen Stimmen unterscheiden lässt.

Kennen Sie den kosmischen Ton? Wenn Sie still sind, nichts tun und sich nicht bewegen, wird Ihnen ein ganz hoher Ton mitten in Ihrem Kopf (nicht im Ohr) bewusst. Hören Sie weiter auf diesen Ton und parken Sie einmal Ihre Zungenspitze senkrecht oben am Gaumen. Da finden Sie einen Punkt, bei dem dieser Ton deutlicher wird, bei dem Sie mit Ihrer Intuition leichter in Kontakt kommen. Probieren Sie aus, wo der Punkt der höchsten Sensibilität ist. Haben Sie den richtigen Punkt gefunden, wird der Kopf viel weiter, öffnet sich nach oben und Sie sind sofort in Kontakt, wenn Sie gleichzeitig auf diesen Ton achten. Wenn Sie ein auditiver Typ sind, empfangen Sie Intuition als Stimme, dann hören Sie die Botschaft.

Wenn Sie ein **haptischer Typ** sind, dann lenken Sie Ihre Aufmerksamkeit in Ihre Hände und Finger. Spüren Sie bewusst Ihre Füße auf dem Boden, nehmen Sie im Körper jede Veränderung wahr! Intuition erscheint dann als verändertes Körperbefinden, als veränderte Körperenergie. Das Endergebnis ist, dass Sie im Körper spüren, ob Sie sich bei einer Frage wohler oder schlechter fühlen als vorher.

Machen Sie sich dazu einfach Ihr Körperbefinden bewusst, spüren Sie Ihren Körper von innen, machen Sie sich bewusst, wie er gerade fühlt. Dann stellen Sie eine Frage wie: „Sollen wir nach München ziehen?" oder was auch immer Sie gerade interessieren mag. Während Sie diese Frage ein paar Mal wiederholen, spüren Sie einmal, wie sich Ihr Körper dabei fühlt. Fühlen Sie sich besser oder schlechter? Ist es ein angenehmeres Gefühl oder nicht? So wird für den haptischen Menschen das Körperbefinden anfangs zum Anzeigeinstrument für Ja oder Nein. Wenn Sie geübter sind, wird das Ergebnis noch differenzierter: „Ja, aber unter der Voraussetzung, dass …" oder „Nein, es sei denn, dass …" Es wird einfach allmählich bewusst.

Vermutlich wird das Erste, was Sie wahrnehmen, ein Bild sein. Wenn Sie weiter fortgeschritten sind, zeigt sich Intuition Ihnen vielleicht auch in einer absoluten inneren Gewissheit durch eine Veränderung der Energie. Während Sie noch Ihre Frage formulieren, merken Sie, worin die Antwort besteht oder wie die Lösung aussieht.

Machen Sie sich bewusst: Intuition kann auf vielen Frequenzen kommen. Sie wird immer auf allen Frequenzen gleichzeitig gesendet. Sie sollten nur für den Anfang herausfinden, wo Sie am sensibelsten sind und wo Sie am deutlichsten Intuition spüren können.

a) Kommt da ein Bild?
b) Oder hören Sie eine Stimme?
c) Oder verändert sich Ihr Körperbefinden?

Finden Sie heraus, wo Sie die Intuition am deutlichsten spüren! Mit der Zeit werden Sie selbst merken, dass Intuition auf allen Frequenzen gesendet wird und Sie diese auf jeder Frequenz abfragen können. Machen Sie sich nun einfach Ihre Frage bewusst und…

a) achten Sie auf Ihren geistigen Bildschirm – dann erhalten Sie das Ergebnis der Intuition als Bild;

b) parken Sie Ihre Zunge senkrecht nach oben und hören Sie auf den kosmischen Ton – dann hören Sie Intuition als Stimme;

c) achten Sie auf Ihr Körperbefinden und spüren Sie in sich die Antwort.

Was fällt Ihnen am leichtesten? Womit gelingt es Ihnen am besten? Sie alleine entscheiden, auf welcher Frequenz Sie am empfänglichsten sind!

Kleine Intuitionsbeschleuniger

Im Folgenden finden Sie drei hilfreiche Schritte, wie Sie sich Lösungen aus dem *Über*bewusstsein sicher einfallen lassen können:

1. Schritt:
Machen Sie sich bewusst, dass die Antwort auf Ihre Frage, die Lösung für Ihre Aufgabe oder die richtige Entscheidung bereits exis-

tiert. Sie braucht nicht zuerst geschaffen zu werden, sondern sie wartet nur darauf, dass Sie bereit sind, sie in Ihr Bewusstsein treten zu lassen.

2. Schritt:

Formulieren Sie ganz präzise Ihre Frage und wiederholen Sie mehrmals Ihren Wunsch. Formulieren Sie so einfach wie möglich, aber unmissverständlich. Machen Sie sich noch einmal alle Fakten und Umstände der Aufgabe bewusst.

3. Schritt:

Erfüllen Sie Ihr Bewusstsein mit der Überzeugung, dass Sie die Antwort sicher erreicht und Sie sie wahrnehmen, wenn sie kommt. Diese Überzeugung ist eine bestimmte energetische Schwingung, die im selben Augenblick die Antwort anzieht.

Nun kann es sein, dass Intuition ein bisschen Zeit braucht, um in Ihr Bewusstsein zu treten. Intuition selbst braucht keine Zeit, aber Sie brauchen vermutlich manchmal Zeit, um sie wahrzunehmen, weil der Moment vielleicht gerade nicht günstig ist. In diesem Falle ist es besser, Sie lassen sich Zeit und betätigen dann einen bestimmten Auslöser.

Ein Beispiel: Sie machen sich abends eine Aufgabe bewusst, denken noch einmal an alle Fakten und Einzelheiten, an alle Schritte, die bisher unternommen wurden, an alle Möglichkeiten, die es geben könnte. Dann füllen Sie sich mit dem Glauben, dass Sie die Antwort sicher erreicht, und schlafen ein. Sie können mit Ihrem Unterbewusstsein vereinbaren, dass Ihnen die Lösung irgendwann in der Nacht einfällt und dass Sie am nächsten Morgen, wenn Sie den ersten Schluck trinken (= Möglichkeit für einen Auslöser), bereit für den Empfang von Intuition sind. Mit diesem Auslöser öffnen Sie sich, und im Augenblick wird Ihnen die Lösung oder die Antwort bewusst. Das heißt, die Intuition kann den besten Augenblick abwarten. Das ist so, wie wenn Sie irgendwo anrufen und Ihnen mitgeteilt wird, dass ein Bote zu Ihnen unterwegs ist, der Ihnen eine Nachricht in den Briefkasten wirft. Dann ist es egal, wann Sie die Nachricht am nächsten Morgen abholen: Sie wissen, der Brief liegt drin. Wenn Sie bereit sind, holen Sie den Brief heraus und nehmen die Intuition in Empfang.

Natürlich kann die Lösung als Stimme, Bild, Symbol, Gefühl oder als innere Gewissheit kommen, oft aber kommt sie auch als Idee, Impuls oder Chance.

Sehr oft kommt das Ergebnis auch als *Zufall*. Das heißt, unmittelbar darauf, oft innerhalb von Stunden, passiert etwas ganz Bemerkenswertes. Sie begegnen jemandem, jemand sagt Ihnen etwas, es fällt Ihnen genau das richtige Buch in die Hand oder Sie gehen in einen Film und erfahren dort eine Botschaft. Auf wundersame Weise fällt Ihr Blick auf etwas – und dann wissen Sie!

So können Sie sich darauf einrichten, dass Sie sich jeden Abend eine oder mehrere Intuitionen einfallen lassen, sie mit einem bestimmten Auslöser verbinden und am nächsten Morgen in Empfang nehmen. Es ist besser, wenn Sie anfangs immer nur eine Antwort abfragen. Wenn Sie jeden Tag eine Aufgabe lösen, werden Sie ohnehin merken, wie schnell Ihr Leben geklärt ist. Sobald Sie ein bisschen geübt sind, können Sie sich jederzeit öffnen – nicht nur abends.

Tagsüber können Sie anfangs beliebig viele Intuitionen abrufen. Später, wenn Sie geübt sind, bleiben Sie ständig auf Empfang.

Die richtigen Fragen formulieren

Immer wenn Sie tagsüber eine Intuition brauchen, schreiben Sie sich am besten auf, worin die Aufgabe besteht, wie die genaue Frage lautet, welche Situation es zu klären gilt, was Sie darüber wissen. Denn während Sie all das aufschreiben, werden Sie gezwungen, Ihr Bewusstsein darauf gerichtet zu halten.

Das heißt also: Während Sie sich Ihre genaue Situation (oder Aufgabe) in allen Aspekten bewusst machen, richten Sie automatisch ein paar Minuten Ihr Bewusstsein darauf. Damit wird Ihnen klar, worin die Aufgabe besteht – und das ist wichtig für die Intuition. Halten Sie also Ihre Aufmerksamkeit auf die Situation (oder Frage) gerichtet. Nach kurzer Zeit werden Sie bemerken, dass Sie gar nicht dazu kommen, sich auf die Intuition einzustellen. Noch während Sie formulieren, was Sie erreichen wollen, fällt Ihnen bereits die Lösung ein, und zwar fast immer. Wenn Sie alles niedergeschrieben haben und genau wissen, um was es geht, es jedoch anfangs noch nicht so zuverlässig klappt, wie Sie es sich wünschen, dann halten Sie sich einfach an die Schritte, die Ihnen inzwischen vertraut sind:

– *Sie machen sich bewusst, wer Sie sind.*
– *Sie spüren Ihre Mitte.*
– *Sie lassen Ihr Bewusstsein weit werden.*
– *Sie wachsen über sich hinaus.*
– *Sie schließen sich bewusst an die eine Kraft an.*
– *Sie erfüllen sich mit der einen Kraft...*
– *...und tauchen ein in das Informationsfeld des All-Bewusstseins.*
– *Sie nehmen Ihre Formulierung, richten Ihr Bewusstsein darauf aus und halten Ihr Bewusstsein darauf gerichtet.*

Dann fällt es Ihnen im selben Augenblick ein.
Und bleiben Sie auf Empfang! Wenn Sie ein bisschen weiter vorangeschritten sind, fragen Sie sich natürlich, warum Sie überhaupt wieder in den Verstand zurückkehren sollten. Warum sollten Sie Ihr Bewusstsein wieder kleiner machen? Warum sollten Sie nicht in der Kraft – und eingetaucht in Intuition – bleiben?

Irgendwann kommt der Moment, in dem Sie sich wieder an sich erinnern wollen, weil das Telefon klingelt, Sie eine andere Arbeit beginnen oder ein anderer Auslöser betätigt wird. Sie wollen sich erheben und über sich hinauswachsen und stellen fest: Sie sind noch über sich hinausgewachsen. Sie sind noch in der Kraft und sind auch noch eingetaucht in die Intuition. Dann haben Sie es geschafft. Wenn Ihnen das passiert, leben Sie als der geistige Riese, der Sie in Wirklichkeit sind. Dann bleiben Sie ständig auf Empfang und empfangen auch tagsüber die Botschaften.

Ein durchaus nützliches Tool – die Ampel-Intuition

Eine besondere Hilfe ist es, wenn Sie in Ihrer Imagination eine Ampel-Intuition einrichten. Das heißt, Sie stellen sich vor, auf Ihrem geistigen Bildschirm gäbe es eine ganz normale Verkehrsampel mit drei Lichtern in Rot, Gelb und Grün.

Am besten wäre es, Sie lesen den folgenden Abschnitt durch und richten gleich danach Ihre eigene Ampel ein.

Schließen Sie die Augen, richten Sie Ihre Aufmerksamkeit auf Ihren inneren Bildschirm und stellen Sie sich vor, Sie stehen vor einer Ampel. Lassen Sie zunächst einmal ein Licht nach dem anderen angehen. Lassen Sie zuerst das rote Licht aufleuchten, damit Sie spüren, wie es aussieht und wie viel heller es wird, wenn es leuchtet. Dann lassen Sie das Rot verlöschen und Gelb aufleuchten. Machen Sie sich bewusst, wie hell dieses Gelb leuchten kann! Dann verlischt Gelb, Sie lassen das grüne Licht leuchten und wieder verlöschen. Danach sehen Sie die Ampel ganz deutlich vor sich, es leuchtet aber jetzt kein Licht. Stellen Sie nun eine Frage. Es kann etwas ganz Belangloses oder etwas ganz Wichtiges sein. Schauen Sie hin, was mit Ihrer Verkehrsampel geschieht. Welches Licht leuchtet auf?

Wenn Rot aufleuchtet, dann bedeutet dies nicht, dass Sie etwas nicht tun dürfen. Es ist ganz Ihre Entscheidung, ob Sie auf Ihre Intuition hören oder nicht. Nach einiger Zeit werden Sie feststellen, dass Sie viele Vorteile haben, wenn Sie auf sie hören. Wenn Sie diese innere Ampel eingerichtet haben, können Sie jederzeit eine Blitzabfrage starten. Dabei ist es vollkommen gleichgültig, ob es sich um eine große oder kleine Entscheidung handelt. Ihre Ampel funktioniert immer sofort. „Soll meine Firma fusionieren?" „Soll ich das Haus kaufen?" „Soll ich den Abstand bezahlen oder soll ich es auf eine Klage ankommen lassen?" Was auch immer – schauen Sie hin, was Ihre Ampel-Intuition dazu sagt. Normalerweise erhalten Sie blitzschnell die Antwort.

Im Unterschied zu einer richtigen Verkehrsampel können bei Ihrer imaginativen Ampel die einzelnen Lichter blinken. Es kann also sein, dass Sie die Signale *Rot – Rot – Rot – Rot...* oder *Gelb – Gelb – Gelb...* empfangen.

Diese Ampel kann Sie in den ungewöhnlichsten Situationen vor Fehlentscheidungen bewahren – und sie hat einen großen Vorteil: Sie kann sich bei Ihnen auch bemerkbar machen, wenn Sie im Verstand sind, wenn Sie anderweitig beschäftigt sind und überhaupt nicht an eine Intuition denken. Plötzlich taucht das Bild auf und eines der drei Lichter leuchtet.

Ein reales Beispiel:

Eine komplizierte Fusion zweier Firmen stand bevor. Monatelang wurde verhandelt, wochenlang wurden Verträge ausgefeilt, bis dann endlich alles unterschriftsreif war. Man ging zum Notar, alle Parteien waren versammelt. Der juristisch verfasste Text wurde noch einmal vorgelesen, ziemlich schnell und monoton. Die meisten Anwesenden kannten den Text durch die lange Vorarbeit schon auswendig. Als die eine Partei den Vertrag unterzeichnet hatte, schob man dem Vertreter der anderen Partei den Vertrag hin. Dieser will ebenfalls unterzeichnen, aber als er den Federhalter in die Hand nimmt, meldet sich bei ihm die Ampel „Rot – Rot – Rot…"

Stellen Sie sich diese Situation vor: Der Notar stutzt und die andere Partei fragt bestürzt, ob da irgendetwas nicht in Ordnung sei. So eine Situation wäre Ihnen vermutlich auch sehr peinlich. Einerseits wissen Sie genau, dass Sie damit einen Vertrag platzen lassen, andererseits spüren Sie genau, dass Sie dieses Schriftstück jetzt nicht unterzeichnen dürfen. Auch wenn Sie sich das selbst nicht erklären können – Sie wissen genau, dass Sie alles noch einmal auf seine Richtigkeit prüfen sollten.

In diesem Falle stellte sich später heraus, dass auf der letzten Seite des Vertrages an einer Stelle das Wort *nicht* fehlte. Dieses fehlende Wörtchen verdrehte den ganzen Sinn; etwas, was ausgeschlossen werden sollte, war vertraglich *nicht* ausgeschlossen, sondern – im Gegenteil – *vereinbart* worden. Es wurde ein neuer Termin gemacht. Es wurde mitgeteilt, dass der Fehler ein Versehen der Sekretärin gewesen sei, doch hier spielt es keine Rolle, ob es Absicht oder Zufall gewesen sein mag. Mit diesem Beispiel wollen wir Ihnen nur zeigen, wie sich die Ampel-Intuition bemerkbar machen kann. Ein Verstand alleine hätte keine Chance gehabt, diesen Fehler zu erkennen.

Die Ampel-Intuition kann Ihnen auch dienen, wenn Sie mit Ihrem Auto unterwegs sind. Wenn Sie zügig fahren und Ihre Ampel springt plötzlich auf „Gelb – Gelb – Gelb…", kann das ein Zeichen für eine noch unsichtbare Gefahr, ein Hindernis auf der Fahrbahn oder eine Radarkontrolle sein.

Intuition und Telepathie

Intuition kann auch gesendet werden, dann nennt man es Telepathie. In diesem Falle gibt es einen Sender und einen Empfänger. Telepathie brauchen wir seltener. Manchmal ist Telepathie ganz hilfreich, zum Beispiel wenn Sie unterwegs sind und Ihr Handy nicht dabei haben. Aber das sind Ausnahmen und dafür brauchen Sie Telepathie nicht zu lernen. Sie ist für etwas ganz anderes wichtig: Sie sind ein Sender – und Ihr Sender verursacht Zukunft. Die Energie und die Intensität, mit der das geschieht, verursachen die Präzision der Durchführung und die Schnelligkeit der Ausführung. Das heißt also, Sie sollten möglichst ein starker Sender und ein guter Empfänger sein. Seien Sie sich darüber bewusst, dass Sie als Bewusstsein ständig senden und sich damit resonanzfähig machen. Damit ziehen Sie bestimmte Ereignisse in Ihr Leben.

Stellen Sie sich einmal in Ihren Gedanken etwas Bestimmtes vor, was innerhalb der nächsten Woche geschehen soll. In den nächsten Tagen soll es eintreten. Dabei kann es sich ruhig um eine größere Sache handeln, Ihr Wunschgedanke sollte allerdings in den Grenzen Ihres Glaubens liegen. Wenn Sie sich sagen, dass Sie nächsten Samstag 6 Richtige im Lotto haben wollen, spricht nichts dagegen. Wenn Sie davon überzeugt sind, ist es in Ordnung. Wenn Sie es aber nicht ganz glauben können, dann haben Sie es nicht verursacht. Es sollte also innerhalb der Grenzen dessen sein, was Sie glauben können. Deswegen ist es jetzt leichter, Sie suchen sich etwas aus, was Sie gerade noch glauben können.

Dann gehen Sie auf Sendung. Halten Sie sich dabei Ihren erwünschten Endzustand genau vor Augen und machen Sie das mit ganz viel Energie: Sie konzentrieren sich auf das, was Sie wollen, und senden es ganz intensiv. Doch achten Sie darauf: Wünsche selbst gehen nicht in Erfüllung. Darum ist es wichtig, dass Sie das, was Sie haben wollen, nicht als Wunsch senden, sondern senden Sie es als Energie des *erfüllten* Wunsches.

Gehen Sie ganz in die Energie Ihres erfüllten Wunsches: Stellen Sie sich vor, wie Ihr Wunsch erfüllt ist! Sehen Sie sich selbst in dieser erfüllten Situation! Es ist geschehen. Dann senden Sie nur noch ein Dankeschön. Schauen Sie also auf das Bild des erfüllten Wunsches, spüren Sie die Energie, das alles erreicht zu haben, und senden Sie *„Danke, dass das geschehen ist!"*

Dabei braucht das Senden gar nicht lange zu dauern, es sollte nur einmal ganz klar und unbezweifelt im Einklang mit Ihnen selbst stimmig geschehen. Es ist dann richtig, wenn Sie in sich die Gewissheit spüren, dass es erreicht ist. Sie können dabei auch Ihre Intuition oder Ihre Ampel-Intuition befragen. Sie schauen auf den erwünschten Endzustand und fragen: Ist das jetzt zuverlässig verursacht? Habe ich das jetzt? Ist die Antwort *ja*, dann bedanken Sie sich und lassen los. Lautet die Antwort *nein*, dann fragen Sie Ihre Intuition gleich weiter. Was fehlt noch? Was sollte noch geschehen? Was mache ich noch falsch? Was wäre noch nötig zu tun, damit…?

Wiederholen Sie Ihre Frage und lassen Sie Ihr Bewusstsein darauf gerichtet. Halten Sie Ihre Aufmerksamkeit auf diesen erwünschten Endzustand gerichtet und lassen Sie sich einfallen, was noch zu tun ist.

Geben Sie dem Leben Ihre Hand!

Sehr oft verhindern wir selbst die Erfüllung eines Wunsches, weil wir eine gewisse Voraussetzung dafür nicht erfüllen. Das erinnert an die Geschichte eines Mannes, der zu Gott betet und ihn bittet, er möge doch einmal im Leben das große Los gewinnen. All die Jahre geschah nie etwas. Aber der Mann war unerschütterlich in seinem Glauben und jeden Abend betete er erneut: „Bitte schicke mir einmal den großen Gewinn!" Als er nach zwanzig Jahren immer noch unbeirrt betete, da öffnete sich auf einmal der Himmel und eine Donnerstimme rief: „Jetzt gib mir doch endlich mal eine Chance und kauf dir ein Los!" Dies nur als kleiner Scherz am Rande. Doch die Geschichte zeigt genau das, worauf es ankommt.

Sie könnten sich jetzt zum Beispiel in Ihr stilles Kämmerlein setzen und sich eine bessere berufliche Position verursachen. Oder Sie verursachen sich bessere Marktchancen für Ihr Produkt – oder was auch immer. Aber vielleicht ist es sinnvoll, wenn Sie dafür auch eine Bewerbung schreiben, einen Anruf tätigen oder ein entsprechendes Produkt erfinden. Wenn Sie bessere Mitarbeiter brauchen, ist es hilfreich, wenn Sie ein paar zu sich einladen oder ein Inserat aufgeben. Was hier gemeint ist: Achten Sie darauf, dass Sie sich nicht selbst zum Hindernis werden. Reichen Sie dem Leben die Hand, damit das, was Sie wollen, auch eintreten kann.

Nehmen Sie Ihren gewünschten Endzustand in Besitz – durch Identifikation

Ein ganz wichtiger Aspekt: Während Sie Ihren Wunsch als *Erfüllung* aussenden (und nicht als Wunsch!), erleben Sie ganz bewusst, dass es geschehen *ist*. Erleben Sie, dass Sie Ihren gewünschten Endzustand bereits bekommen haben. Und dann halten Sie die Energie des erfüllten Wunsches! Füllen Sie sich mit Freude und Dankbarkeit! Wenn Sie die Energie des erfüllten Wunsches halten, wissen

Sie auch, dass Sie das Ergebnis bereits erreicht haben. Wenn Sie genau spüren, dass es Ihnen wieder gelungen ist, können Sie es loslassen.

Auf diese Weise machen Sie sich nicht nur resonanzfähig für Ihre erwünschten Ereignisse, sondern geradezu magnetisch. Das heißt, wenn Sie die oben beschriebene Energie erzeugen, ziehen Sie das an, was Sie sich gerade als erfüllt vorstellen.

Dieses Gesetz steht auch in der Bibel, im Talmud und in den Upanishaden. Fast jede Kultur hat dieses Gesetz auf eine Art und Weise formuliert. In der Bibel heißt dieses Gesetz: *Bittet, um was ihr wollt. Glaubt nur, dass Ihr es erhalten habt, und es wird euch werden.* Dies hört sich grammatikalisch verkehrt und völlig unlogisch an. Bei diesen Zeilen fängt unser Verstand sofort an zu rebellieren: *Wie kann man um etwas bitten und gleichzeitig glauben, man hätte es schon? Man bittet ja gerade darum, weil man es nicht hat!* Doch wenn sich jemand um etwas bemüht, ohne es zuvor geistig in Besitz genommen zu haben, bemüht er sich vergeblich. Kämpft er, ohne zuvor geistig gesiegt zu haben, wird er nicht gewinnen. Es ist wichtig, dass er vom Ziel ausgeht und zuerst geistig sein Ergebnis schafft. Ein Bewerber, der innerlich nicht schon Abteilungsdirektor ist, während er sich um die Stelle bewirbt, wird sie nicht bekommen.

Wir können auch nichts *werden* – wir können nur das werden, was wir bereits *sind*, und ebenso können wir nur das bekommen, was wir bereits haben. Das ist das ganze Geheimnis – und damit zeigt es sich, ob wir es uns selbst wert sind oder ob wir es uns vorenthalten. Das Gesetz hinter dem Geheimnis lautet: Jedes Wollen trennt uns vom Gewollten und der Wunsch trennt uns von der Erfüllung. Das ist so gemeint: Wenn Sie einen Wunsch haben, machen Sie sich ja erst richtig bewusst, dass Ihnen etwas fehlt, und es kommt dabei leicht das Gefühl auf, dass Sie im Mangel leben. Und wer im Mangel lebt, kann keine Fülle erleben. Deswegen sind Dankbarkeit und Freude über das erreichte Ziel die richtige Energie. Dankbarkeit empfindet man immer dann, wenn man etwas bekommen *hat*, nicht, wenn man es eventuell bekommen *könnte*. Wenn wir uns also mit Dankbarkeit erfüllen, weil dies oder das geschehen ist, dann haben wir es geistig in Besitz genommen.

Hier noch einmal in Kürze:

1. Schaffen Sie einen erfüllten Endzustand in Ihrer Vorstellung (eine von vielen Möglichkeiten der Zukunft).

2. Gehen Sie in diese Vorstellung hinein, leben Sie in dieser Vorstellung und lassen Sie die Situation lebendig werden. Erleben Sie die Situation ganz plastisch in der Gegenwart. Indem Sie Teil Ihrer Vorstellung werden und in der Erfüllung sind, nehmen Sie Ihre Möglichkeit der Zukunft *durch Identifikation* in Besitz.

3. Spüren Sie Dankbarkeit, dass es bereits erreicht ist.

Intuition verursachen

Wenn Sie wollen, können Sie sich Intuition bestellen. Gehen Sie wieder in Ihr hohes Bewusstsein und verursachen Sie Intuition. Spüren Sie, dass Sie Intuition haben. Gehen Sie in das Gefühl, dass Sie über sich hinausgewachsen sind, dass Sie eingetaucht sind in Intuition und Intuition ständig geschieht. Erfüllen Sie sich mit einem Gefühl der Freude und Dankbarkeit! Spüren Sie, wie gut es tut, dass Ihnen das bewusst ist, und wie Sie in Kontakt mit der Intuition sind. Sehen Sie, wie Sie über die Ampel jederzeit Ihre Informationen abrufen können und wie Sie ab jetzt Ihre Entscheidungen aus der Intuition treffen können. Ergänzen Sie es mit Freude und Dankbarkeit („Toll, das gehört jetzt auch zu meinem Leben, das bin ich jetzt auch, wunderbar!").

Wahrnehmung und Energien lesen

Jeder Mensch hat zwei Möglichkeiten der Wahrnehmung: die bewusste Wahrnehmung aus dem Verstand und die intuitive Wahrnehmung. Jede dieser beiden Möglichkeiten hat Ihre eigene Art der Erfassung, des Umgangs und des Erinnerns. Die Wahrnehmung aus dem Verstand wird in Worte gefasst. Dieses Verbalisieren gibt uns Sicherheit und Vertrauen. So wird alles verarbeitet, was man mit den fünf Sinnen aufnimmt – wie man sieht, riecht, fühlt, hört und schmeckt. Die Ergebnisse der intuitiven Wahrnehmung erfolgen energetisch, holistisch und in Punktzeit und können meist gar nicht in Worte gefasst werden. Trotzdem sind intuitive Wahrnehmung, Gedankenübertragung oder Prophetie ganz normale menschliche Fähigkeiten. Wir sind uns ihrer nur nicht mehr bewusst.

Intuition, etwas komplexer angewendet, dient unserer Menschenkenntnis. Nach dem Gesetz „Wie innen, so außen" zeigt die äußere Form des Menschen sein inneres Sein. Diese Art der Menschenkenntnis kann man lernen. Der Mensch ist aber auch ein Sender – er sendet eine bestimmte *Energie* aus und diese Energie kann man lesen, hören, wahrnehmen. Wenn Sie von jemandem angelogen werden, bekommen Sie energetisch die Botschaft: „Ist gar nicht wahr!", und das lässt sich mit Worten fast nicht beschreiben.

Wenn Sie solche Informationen „hören" können, kann Ihnen niemand mehr etwas vormachen. So können wir intuitiv die Energie eines jeden Menschen wahrnehmen, seine derzeitige Stimmung, seine Meinung, seine Absicht. Über die Energie, die er ausstrahlt, erkennen wir seine geheimsten Gedanken. Bei Verhandlungen im Management ist das natürlich sehr hilfreich. Die Position des anderen können Sie energetisch erfassen. Sie kennen seine Grenzen, seine Absichten, Sie wissen, wie weit er bereit ist zu gehen und unter welchen Umständen er noch weiter gehen würde. Wenn Sie Energien lesen und sich auf die Frequenz des anderen einstellen können, liegen dessen geheimste Gedanken offen vor Ihnen.

Kommt Ihnen jetzt der Gedanke, dass Energien zu lesen indiskret oder unfair sein kann, weil es Menschen gibt, die nicht wissen, wie es geht? Der andere hat seine Entscheidung innerlich getroffen und das Einzige, was geschieht, ist, dass Sie dies erkennen, wie auch immer er sich Ihnen gegenüber verhält. Wenn Sie die Fähigkeit haben, Energien zu lesen, dann dürfen Sie sie auch nutzen. Sie wollen den anderen damit ja nicht übervorteilen. Im Gegenteil. Versuchen Sie, immer nur eine Lösung zu finden, bei der alle gewinnen. Eine Lösung, bei der nicht alle gewinnen, ist keine Lösung. Auch beim Finden von Lösungen ist es ganz hilfreich, wenn Sie Energien lesen können, wenn Sie sehen, wo der andere steht und was er will.

Intuition ist Ihre natürliche Fähigkeit. Sie brauchen sie nicht zu lernen, Sie brauchen sich nur wieder an Ihre Intuition zu erinnern. Das geht am einfachsten, indem Sie Intuition trainieren, denn auch hier gilt: Mit viel Übung werden Sie immer besser. Die wichtigste Voraussetzung für Intuition ist wiederum: Sie sollten am Ziel sein, um das Ziel zu erreichen. Sehen Sie sich in Ihrem Selbstbild als jemanden, der Intuition beherrscht. Sehen Sie, dass Intuition ganz zu Ihrem Leben gehört, dass Sie Ihre natürliche Fähigkeit voll akzeptieren und einsetzen. In dem Maße, wie Ihnen das gelingt, ist Intuition für Sie verfügbar.

Intuition und unsere Entscheidungen

Wenn Sie wollen, können Sie Ihre Intuition auch auf einen ganz bestimmten Aspekt richten. Ein Beispiel aus Ihrem Alltag: Sie haben etwas vor (nehmen Sie einfach irgendein Vorhaben, es darf auch etwas ganz Belangloses sein). Ist dieses Vorhaben für Sie stimmig? Hören Sie auf die innere Gewissheit. Welche Energie kommt in Ihnen auf, wenn Sie diese Entscheidung treffen? Spüren Sie eine positive oder eine negative Veränderung? Wir stehen ohnehin nie vor einer Entscheidung, es scheint uns nur so. Wann immer wir glauben, vor einer Entscheidung zu stehen, haben wir uns nämlich schon längst entschieden. Dass uns die Alternativen dazu bewusst werden, dient nur dazu, uns die Antwort bewusst zu machen.

Die umgekehrte Intuition – Ihre eigene Ausstrahlung

Mit einer guten Ausstrahlung öffnen sich Ihnen Türen, die für viele andere verschlossen bleiben. Es fallen Ihnen Dinge in den Schoß, um die sich andere oft vergeblich bemühen. Es hat also nur Vorteile, wenn Sie eine ideale Ausstrahlung besitzen. Doch wie kommen Sie zu einer guten Ausstrahlung? Was macht Sie für andere sympathisch?

Machen Sie sich zunächst einmal klar, dass Sie immer irgendetwas ausstrahlen, ganz egal, ob Sie es beabsichtigen oder nicht. Ihre Ausstrahlung kann beim anderen Sympathie oder auch Ablehnung hervorrufen. Wenn Sie bei Ihrem Gegenüber Ablehnung hervorrufen, haben Sie es schwer. Warum sollten Sie es sich also schwer machen?

Der zweite Schritt ist, dass Sie sich nicht nur darüber bewusst sind, dass Sie ständig etwas ausstrahlen, sondern dass Sie selbst bestimmen können, was Sie auf andere ausstrahlen.

Wenn Sie das nächste Mal unter einer Gruppe Menschen sind, dann versuchen Sie doch einmal Folgendes: Strahlen Sie einmal ganz bewusst verschiedene Energien aus. Versuchen Sie es zu Beginn mit Ruhe: Strahlen Sie einmal ganz bewusst Ruhe aus. Das ist ganz einfach. Probieren Sie einfach aus und spüren Sie, ob sich etwas verändert. Geben Sie danach eine andere Ausstrahlung in dieses Energiefeld, zum Beispiel Souveränität. Warten Sie nicht darauf, dass etwas von den anderen auf Sie zukommt, sondern seien Sie einfach Sender für Souveränität. Die Souveränität sollte nicht aufdringlich sein, strahlen Sie einfach die ruhige Sicherheit eines Menschen aus, der weiß, dass er kann. Wechseln Sie dann wieder in ein anderes Energiefeld. Strahlen Sie danach Freundschaft oder Sympathie aus. Sehen Sie den anderen Menschen vor sich und versuchen Sie, Sympathie in ihm hervorzurufen. Strahlen Sie das aus, was erforderlich ist, damit der andere Sie sympathisch findet. Rufen Sie beim anderen Sympathie hervor.

Sie können das auch jetzt schon in Ihrer Vorstellung geschehen lassen. Versuchen Sie sich vorzustellen, wie der andere vielleicht zuerst etwas reserviert ist und dann aufzuhorchen versucht. Sehen Sie, wie der andere sich Ihnen wohlwollend zuwendet. Lassen Sie diesen kleinen Film ablaufen, während Sie diese Ausstrahlung fortsetzen. Eine hohe Ausstrahlung besitzen heißt also auch: Sie können nicht nur ausstrahlen, was Sie wollen, Sie können auch *hervorrufen*, was Sie wollen. Sie können im anderen ganz bewusst etwas hervorrufen. Zum Beispiel die Bereitschaft zur Mitarbeit oder die Bereitschaft, sich ins Team einzugliedern, die Bereitschaft, die Vision der Firma zu stützen. Oder einfach auch die Bereitschaft, Ihnen zu helfen, Ihr Ziel leichter, besser und schneller zu erreichen.

Bleiben Sie also ein bewusster Sender! Nachdem Sie diese Erfahrung gemacht haben, ist es sinnvoll, nicht nur 24 Stunden am Tag auf Empfang zu bleiben, sondern ganz bewusst das auszustrahlen, was die jeweilige Situation erfordert. Dadurch können Sie das in Ihrer Umgebung hervorrufen, was Ihnen hilft, noch erfolgreicher zu werden. Wenn Ihnen das gelingt, haben Sie Ihr Ziel erreicht. Sie haben Ihre natürliche Fähigkeit der Intuition wieder in Besitz genommen. Natürlich sollten Sie das nun ein bisschen trainieren, damit es für Sie selbstverständlich und leicht wird. Aber Sie wissen, dass Sie ein Sender sind und ausstrahlen können. Mit dieser Ausstrahlung ziehen Sie all das in Ihr Leben, was Sie haben wollen. Und auch das ist Ihre natürliche Fähigkeit.

Mentales Intuitions-Training – ein Leitfaden in sieben Schritten

Mental-Training ist eine uralte Technik und ein sehr wirksames geistiges Werkzeug, mit dem wir in allen Lebensbereichen unsere Ziele erreichen und unsere Wünsche erfüllen können. Wir verwenden es in Sport, Studium und Schule, Gesundheit und Therapie, im Beruf, in der Unternehmensführung, im Umgang mit Mitarbeitern und im Umgang mit Menschen unseres täglichen Lebens. Es unterstützt uns auch darin, unser eigenes Potential optimal zu entfalten, und letztlich werden wir dadurch auch unserer Lebensaufgabe gerecht.

Wenn unsere Ziele und Wünsche für uns stimmig und mit den Naturgesetzen in Einklang sind, können wir vom Leben alles haben. Dabei spielt es eine wesentliche Rolle, ob unsere Ziele auch wirklich zu uns passen, ob sie unserem wahren Wesen entsprechen und ob sie schöpfungsgerecht sind.

Authentische Ziele sind immer auch schöpfungsgerecht. Schöpfungsgerecht bedeutet auch, dass unsere Ziele nicht nur für uns, sondern auch für unser Umfeld stimmig sind und wir damit niemandem schaden. Je stimmiger unsere Ziele sind, desto geringer ist die Energie, die für das Erreichen unseres Ziels aufgewandt werden muss. In diesem Falle erreichen wir unsere Ziele mit Minimalaufwand.

Je weniger stimmig die Ziele jedoch sind, je mehr sie sich dem Fluss der Schöpfung widersetzen, desto höher ist der Preis dafür. Der Preis für ein nicht schöpfungsgerechtes Ziel kann sogar so hoch sein, dass das Erreichen des Ziels mehr kostet, als das Ziel selbst wert ist. Sicherlich fallen Ihnen dazu gleich ein paar Beispiele aus Ihrem Umfeld ein. Das Erreichen eines unstimmigen Ziels kann einen Herzinfarkt zur Folge haben, die Gesundheit, die Ehe, die Familie kosten und so weiter.

Bevor wir also mithilfe von Mental-Training ein bestimmtes Ziel erreichen wollen, gilt es genau zu klären, ob dieses Ziel auch wirklich authentisch und schöpfungsgerecht ist.

1. Schritt: Wünsche klären und Ziele definieren

Notieren Sie zuerst alles, was Ihnen wichtig ist, was Sie erreichen wollen. Ihre Ziele lassen sich am klarsten definieren, wenn Sie herausfinden, was Sie in welcher Zeit erreicht haben wollen. Legen Sie Ihren Zeitrahmen für kurz-, mittel- und langfristig selbst fest (was Sie z. B. in einem Jahr – in 5 Jahren – in 10 Jahren erreicht haben wollen). Die nachfolgenden Tabellen sind ein Vorschlag. Notieren Sie alle Dinge, die Ihnen wichtig erscheinen, und denken Sie dabei an alle Aspekte Ihres Lebens, z. B. Familie, Freundschaften, körperliche Fitness und Gesundheit, Bildung, geistige/spirituelle Weiterentwicklung, Reisen, Freizeit, sonstige Fähigkeiten…

Kurzfristige Ziele
beruflich   *Familie/privat*

Mittelfristige Ziele
beruflich   *Familie/privat*

Langfristige Ziele
beruflich   *Familie/privat*

Kurzfristige Ziele

....

Mittelfristige Ziele

....

Langfristige Ziele

....

Nachdem Sie Ihre Gedanken gut gegliedert vor sich liegen haben, überprüfen Sie Ihre Ziele auf Stimmigkeit und gehen Sie anschließend in ihre Bearbeitung.

2. Schritt: Ziele überprüfen
   a) Ist mein Ziel auch wirklich das, was ich will?
   b) Bin ich bereit, etwas für mein Ziel zu tun?
   c) Bin ich mir sicher, dass ich damit niemandem schade?
   d) Ist mein Wunsch zu einer festen Absicht geworden?

3. Schritt: **Ziele visualisieren**
a) Schaffen Sie sich ein klares Bild von ihrem Ziel.
b) Sehen Sie Ihren gewünschten Endzustand wie in einem kurzen Film vor Ihrem geistigen Auge. Lassen Sie alle Details plastisch ablaufen und gehen Sie ganz in dieses Bild hinein.

4. Schritt: **Ziele verinnerlichen**
a) *Gehen Sie ganz ins Gefühl und begeistern Sie sich!* Spüren Sie, wie es sich anfühlt, wenn Sie das Ziel erreicht haben, und lassen Sie die Freude über die Verwirklichung in sich lebendig werden.
b) *Schaffen Sie sich die passenden Affirmationen!* Finden Sie einen kurzen und einprägsamen Satz, der Ihr erfülltes Ziel (den gewünschten Endzustand) beschreibt. Wichtig: Formulieren Sie Affirmationen stets positiv!

5. Schritt: **Gehen Sie mit Ihren Zielen auf Trance-Reise**
Finden Sie einen günstigen Zeitpunkt in Ihrer Freizeit, in dem Sie sich ganz ungestört mit Ihren Zielen beschäftigen können. Wählen Sie dafür einen Ort, an dem Sie sich richtig wohl fühlen und gut entspannen können. Wenn Sie es sich einrichten können, dann tun Sie sich zuvor etwas richtig Gutes… machen Sie einen Spaziergang, duschen Sie, hören Sie schöne Musik oder nehmen Sie ein Bad. Je mehr Sie körperlich, geistig und seelisch entspannt sind, desto besser.
Setzen oder legen Sie sich ganz bequem hin und gehen Sie in die Gedankenstille.
Wenn Sie bereit sind, schließen Sie die Augen…

a) Begeben Sie sich in Ihrer Vorstellung zu Ihrem inneren Rückzugsort. Dieser Ort ist ein Ort der Wandlung, ein Platz, an dem Sie sich sehr wohl fühlen, der ganz alleine Ihnen gehört und zu dem Sie jederzeit zurückkehren können, wann immer Ihnen danach ist.
b) Gehen Sie in Ihrer Vorstellung auf eine Blumenwiese. Stellen Sie sich in allen Details vor, wie Sie über diese Wiese gehen. Vielleicht gibt es dort auch Schmetterlinge und Bäume, deren

Blätter sich im Wind bewegen. Auf dieser Wiese befindet sich das Ende eines Regenbogens. Können Sie die leuchtenden Farben erkennen? Gehen Sie auf dieses Licht zu und tauchen Sie ein: Sehen Sie die Farben Rot – Orange – Gelb – Grün – Blau – Lila – Violett. Bei Violett spüren Sie, dass Sie ganz bei sich angekommen sind.

c) Auf Ihrer Wiese befindet sich ein Berg, der Berg Ihrer eigenen Persönlichkeit. Sie machen sich auf den Weg und gehen bis auf die Spitze des Berges hinauf. Oben angekommen, lassen Sie Ihr eigenes inneres Licht, das Licht Ihres Bewusstseins, hell erleuchten.

d) Dieses hell leuchtende Licht erfüllt Ihren ganzen Körper. Nehmen Sie nun dieses Licht und vereinigen Sie es mit der Sonne. Sehen Sie, wie die beiden Energien zu einer verschmelzen und wie Sie ganz eins werden mit allem, was ist.

e) Sehen Sie nun Ihren erwünschten Endzustand klar vor Augen und gehen Sie ganz in dieses Bild hinein.

f) Wiederholen Sie auch Ihre selbst geschaffenen Kurzformeln – Ihre Affirmationen – in Ihrem Geist und verbinden Sie Ihr Bild und Ihre Affirmation mit dieser einen kosmischen Kraft.

g) Erleben Sie Ihren gewünschten Endzustand mit dem Gefühl einer tiefen Freude und Dankbarkeit.

h) Erkennen Sie, dass Ihr gewünschter Endzustand bereits Teil Ihrer eigenen Persönlichkeit geworden ist. Erkennen Sie, dass Sie den Samen Ihres Ziels gesät haben und dieser als feinstoffliche Form bereits existent ist. Der schöpferische Akt ist vollendet. Auf der mentalen Ebene ist er bereits Wirklichkeit.

i) Steigen Sie nun wieder den Berg hinab und bedanken Sie sich dafür, dass das Ziel bereits erreicht ist.

j) Sie kommen wieder zu Ihrem Regenbogen. Gehen Sie dieses Mal in umgekehrter Reihenfolge durch das farbige Licht: Violett – Lila – Blau – Grün – Gelb – Orange – Rot. Und kehren Sie dann frisch und munter zurück in Ihr Tagesbewusstsein.

6. Schritt: Wiederholungen im Alltag

Wie bereits beschrieben, brauchen Sie sich, wenn Sie Ihre Wünsche zuverlässig verursacht haben, um nichts mehr zu kümmern.

Das funktioniert alles so zuverlässig, wie Sie es glauben können. Immer vorausgesetzt natürlich, dass Sie anschließend nicht abbestellen.

Nun kann es sein, dass Sie sich eine neue Fähigkeit oder neue Verhaltensweisen wünschen und meinen, noch ein großes Stück weit davon entfernt zu sein.

Vielleicht wollten Sie sich in der Vergangenheit schon einmal etwas abgewöhnen und haben die Erfahrung gemacht, dass es nicht ganz leicht ist, alte Verhaltensmuster loszuwerden. Manchmal gilt es jedoch, Denkweisen oder Handlungen abzulegen, die einem im Laufe des bisherigen Lebens zur Gewohnheit geworden sind. Wenn Sie sich zum Beispiel eine veränderte Persönlichkeit wünschen oder sich bestimmte Eigenschaften oder Fähigkeiten antrainieren wollen und glauben, dass Sie darin noch Übung brauchen können, wiederholen Sie das mentale Training für eine Zeitlang täglich – am besten 21 Tage hintereinander. Erleben Sie dabei das Bild Ihres Ziels jeden Tag neu, indem Sie sich den gewünschten Endzustand (Ihre neuen Fähigkeiten bzw. Verhaltensweisen) vorstellen und mit einem tiefen Gefühl der Freude und Dankbarkeit annehmen.

Hier noch eine zusätzliche und äußerst wirkungsvolle Methode: eine Art Erinnerungsauslöser in Ihrem Umfeld. Schaffen Sie sich kleine Merkzettel oder finden Sie entsprechende Symbole und verteilen Sie diese in Ihrem persönlichen Lebensbereich. Damit werden Sie immer wieder an das verwirklichte Ziel erinnert. Führen Sie auch Erinnerungs- oder Motivationskärtchen mit sich oder finden Sie andere kreative Möglichkeiten, die Sie an Ihr erreichtes Ziel erinnern.

Wiederholen Sie immer mit Gefühl!
Hier noch ein interessanter Aspekt, den wir Ihnen nicht vorenthalten möchten. Wir haben es bereits in der Schule mitbekommen: Wenn wir oft genug unsere Vokabeln wiederholen, bleiben sie zuverlässiger in unserem Gedächtnis gespeichert. Werden nun aber Informationen zusätzlich mit einem starken Gefühl verbunden, bekommen sie dadurch einen höheren Aufmerksamkeitswert und werden so noch leichter gespeichert. Sobald Informationen mit einem angenehmen Gefühl verbunden werden, werden sie sogar im Gehirn automatisch mehrfach wiederholt.

Wenn eine Information dagegen mit einem Gefühl der Unlust und Abneigung verbunden wird, kann sie weniger gut gespeichert werden. Mit Unlust verbundene Wiederholungen lösen sogar Stresshormone aus, die wiederum zu Lern- und Denkblockaden führen. Außerdem kostet es viel unnötige Energie, die wiederum sinnvoller eingesetzt werden kann. Dieser Gedanke erklärt auch, dass manche Menschen sich mit dem Lernen so schwer tun, während es anderen leichtfällt.

Wird eine Information mit Gefühl verbunden, stellt das Gefühl die Verbindung zwischen den beiden Gehirnhälften her. Alles, was mit Gefühlen verbunden ist, wird mit beiden Gehirnhälften bearbeitet und als wichtig angesehen – und somit behalten. Wir wissen später dann nicht nur, was gemeint ist, wir können uns von der Sache sogar auch *ein Bild machen* und uns jederzeit daran erinnern.

7. Schritt: Die Weichen im Leben stellen

Da Sie auf mentaler Ebene Ihre Ziele bereits erreicht haben, sollten Sie in Ihrem täglichen Leben natürlich alles tun und dafür sorgen, dass die Weichen auf der materiellen Ebene richtig gestellt sind. Tragen Sie auch auf dieser Ebene zu Ihrem Erfolg bei, indem Sie

- *...Ihre Chancen nutzen*
- *...den Kontakt zu den richtigen Leuten pflegen*
- *...die richtigen Zeitungen und Bücher lesen*
- *...sich so weit wie möglich fortbilden*
- *...nicht erwünschte Kontakte beenden, um sich nicht zu behindern*
- *...die Chancen der Medien und des Telefons nutzen*
- *...„hangeln" (sich weiter vermitteln lassen):*
  vom Bekannten zu dessen Bekannten... bis zur Zielperson
- *...Schwächen in Stärken verwandeln*
- *...Ihre Stärken optimal nutzen*
- *...alte, falsche oder überflüssige Dinge loslassen*
- *...Gutes tun (dienen), um die Erfüllung zu verdienen*
- *...das materiell Äußere dem gewünschten Endzustand anpassen*
- *...überzeugt und begeistert sind*
- *...die eigene Qualität erhöhen*
- *...vom Mental-Trainer zum Mental-Meister werden*
- *...wie ein Meister/eine Meisterin leben*

Über die Ziele...

Der Erfolgreiche fängt gerade da an,
wo der Erfolglose aufhört.

— — —

Beseitigen wir unsere Grenzen,
sind alle Ziele erreichbar.

— — —

Nicht es gut zu haben,
sondern gut zu sein –
das sei das Ziel deines Lebens!

Konzentration durch Faszination

Tun Sie alles, was Sie tun, aus Freude! Das Geheimnis der Konzentration besteht darin, im kleinsten Punkt die größte Kraft zu sammeln, also einer einzigen Sache seine ausschließliche Aufmerksamkeit zu schenken. Grundsätzlich kann immer nur ein Gedanke unser Bewusstsein erfüllen. Das, was wir Konzentrationsschwäche nennen, bedeutet, dass sich unsere Gedankeninhalte zu schnell ändern. Es kann viele Gründe für diesen zu schnellen Wechsel der Gedanken geben:
 – innere Verwirrung oder Aufregung;
 – Assoziationen, die sich uns hartnäckig aufdrängen;
 – Gefühle, die beim Betrachten einer Sache in uns aufsteigen;
 – mangelndes Interesse.

Konzentration kann geübt werden. Unser Denkvermögen ist vergleichbar mit einem Muskel, der verkümmert, wenn man ihn nicht oder nicht richtig nutzt. Die wenigsten Menschen nutzen ihr Denkvermögen optimal und so nehmen die meisten an, dass man eben mit dem auskommen müsse, was man hat, auch wenn sie damit nicht zufrieden sind. Doch wir können auch hier unsere Fähigkeiten weiterentwickeln.
Konzentration entsteht durch Faszination. Wenn wir von einer Sache fasziniert sind, schenken wir ihr gerne die volle Aufmerksamkeit und genau dann gelingt es uns am leichtesten, uns zu konzentrieren. So kann die Haltung einer Sache gegenüber, die wir ins Positive verändern wollen, unser Konzentrationsvermögen erheblich steigern. Wenn wir mit Freude arbeiten und von unserer Tätigkeit erfüllt sind, wird auch das Ergebnis der Arbeit den Erwartungen weitgehend entsprechen. Bei genauer Überlegung hat jede Tätigkeit ihre eigene Faszination, die es zu erkennen gilt. Wenn wir dagegen die tägliche Arbeit als Last sehen, wird sie uns eine tägliche Last sein. Diese Haltung

lösen wir auf, indem wir die Einstellung zur Arbeit ändern und neue Aspekte in ihr erkennen, die uns fesseln können.

Tun Sie alles, was Sie tun, aus Freude!

Arbeit kann auf verschiedene Art und Weise gesehen werden, zum Beispiel als Aktivurlaub, dynamische Meditation, Weg zur Bewusstseinserweiterung oder Weg zur Heilung. Arbeit kann auch als eine Konzentrationsübung betrachtet werden, indem man wirklich tut, was man gerade tut. Wieder andere sind einfach nur glücklich, arbeiten zu dürfen, statt arbeitslos zu sein.

Hilfreiche Affirmationen zur Freude an der Arbeit:
„Je länger ich mich bei der Arbeit erhole, umso froher und frischer werde ich."

Hilfreiche Affirmationen zur Konzentrationssteigerung:
„Ich konzentriere mich immer ganz auf das, was ich gerade tue."
„Jedes Geräusch vertieft meine Konzentration und dient mir zur Übung."

Konzentrationsübungen zur Gedankenkontrolle:
– Sehen Sie auf einen Punkt und konzentrieren Sie sich nur auf ihn.
– Versuchen Sie einen Text langsam zu lesen.
– Zählen Sie bis 100 *(und beginnen Sie von vorn, sobald ein anderer Gedanke dazwischenkommt!)*
– Versuchen Sie, unnütze Gedanken auszuradieren oder verblassen zu lassen.

Konzentrieren Sie sich auf das Wesentliche!

Manche Menschen entwickeln die Fähigkeit, sich ganz intensiv auf eine Aktivität oder eine Sache zu konzentrieren. Sie erreichen sehr schnell ihre gewünschten Ergebnisse und gewinnen dadurch Zeit, sich anderen Aufgaben oder Problemen mit gleicher Konzentrationsfähigkeit zu widmen. Doch sehr konzentrationsfähige Menschen haben oft Schwierigkeiten, diese Fähigkeit in allen Bereichen ihres Lebens anzuwenden. Nachfolgend finden Sie aus Buckleys Memoiren einige Wesensmerkmale, die Top-Führungskräfte treffend beschreiben:

1. *Top-Führungskräfte widmen jeder Aktivität im Leben ihre volle Aufmerksamkeit.* Mit einer erhöhten Konzentrationsfähigkeit treffen sie in Besprechungen innerhalb von kürzester Zeit Entscheidungen, für die andere mehrstündige Sitzungen benötigen. Dadurch bleibt ihnen mehr Zeit für Familie, Freizeit, Meditation und Aktivitäten in anderen wichtigen Bereichen.

2. *Top-Führungskräfte beschränken sich auf Aktivitäten, die zu Spitzenleistungen führen.* Dagegen vermeiden sie Beschäftigungen, die sie nicht interessieren. Sie mischen sich auch nicht in Angelegenheiten anderer ein, was für weniger konzentrationsfähige Menschen manchmal verlockend ist. Ein konzentrationsfähiger Unternehmer verschwendet auch keine Zeit damit, seine Geschäftspapiere zu entwerfen, wenn ein Designer in greifbarer Nähe ist, der das Gleiche viel effektiver erledigen kann.

3. *Top-Führungskräfte denken in langen Zeiträumen.* Sie stehen über den Gedanken und Aktionen anderer und behalten die langfristige Perspektive für ihr Unternehmen im Auge. Wer an seine langfristigen Ziele glaubt, braucht auch die Geduld, sie durchzusetzen.

4. *Top-Führungskräfte können ihre Konzentration von einer Tätigkeit zur nächsten verlagern.* Menschen mit hoher Konzentrationsfähigkeit bewegen sich nach Bedarf von einer Aktivität zur nächsten oder sie denken kurz über Kleinigkeiten nach bzw. erledigen etwas Nebensächliches, bevor sie ihre Konzentration in eine andere Richtung lenken.

Vermutlich können selbst Wissenschaftler das Phänomen nicht erklären, welches bestimmten Menschen ermöglicht, ihre Konzentration auf eine Tätigkeit zu lenken und andere zeitweise auszuschalten. Wir glauben, dass ein Wort dieses Phänomen zusammenfassend beschreibt: Interesse. Wenn man wirklich an etwas interessiert ist, zieht dieses Interesse automatisch einen gewissen Grad an Konzentrationsfähigkeit nach sich. Die Aufmerksamkeit vielseitiger Topleute gilt verschiedenen Interessengebieten. Jedem Einzelnen davon widmen sie ihre volle Aufmerksamkeit.

Wenn wir eine bessere Konzentrationsfähigkeit erreichen wollen, sollten wir lernen, unsere Interessen geschickt zu handhaben und uns dabei als Erstes bewusst machen, wie lange wir unsere ungeteilte Aufmerksamkeit einer bestimmten Sache widmen. Interessen ändern sich auch im Laufe der Zeit. Durch Vorlieben, die wir teilweise schon in der Kindheit entwickelt haben, werden sie stark beeinflusst. Doch wir können lernen, unsere Interessen zu managen.

Wie man ein geduldiger Manager wird

Bevor Sie damit beginnen, sich Geduld anzueignen, sollten Sie sich darüber klar sein, wie wichtig es ist, geduldig sein zu können. Erst eine meisterliche Beherrschung dieser Kunst wird uns dazu verhelfen, alle unsere anderen Fähigkeiten im richtigen Moment einzusetzen. Wir möchten Ihnen hier einige Verhaltensweisen aufzeigen, die sich Top-Führungskräfte angeeignet haben:

1. *Gute Führungskräfte treffen keine Entscheidungen, die andere treffen sollten.* In Notfällen und Krisenzeiten können ungeduldige Führungspersönlichkeiten oft nicht widerstehen, Entscheidungen anstelle der Mitarbeiter zu treffen.

2. *Gute Führungskräfte treffen ausführbare Entscheidungen.* Sie verfolgen Strategien, die passen, und konzentrieren sich auf die Veränderungen, von denen sie wissen, dass ihre Mitarbeiter sie erfolgreich durchführen können. Führungskräfte, die keine Entscheidungen treffen, sind nicht nur ungeduldig, sondern auch träge.

3. *Gute Führungskräfte treffen Entscheidungen nicht zu früh.* Dies bedeutet nicht, dass Sie nicht schnell handeln oder nicht mit Prob-

lemlösungen experimentieren sollten. Es heißt nur, dass Sie nicht übereilt handeln oder zu früh experimentieren sollten.

4. *Gute Führungskräfte treffen Entscheidungen, die jetzt zweckdienlich sind.* Das heißt, wenn Sie von Ihrem Finanzexperten zu einer Entscheidung gedrängt werden, die aber nach Ihrer Meinung erst getroffen werden sollte, wenn bestimmte Ereignisse und Umstände eingetreten sind, dann schieben Sie die Entscheidung geduldig auf.

5. *Gute Führungskräfte lassen sich niemals drängen.* Sobald jemand darauf besteht, dass Sie jetzt sofort mit Ja oder Nein antworten, antworten Sie grundsätzlich mit Nein.

Geduld ermöglicht es Ihnen, dass Sie all Ihre anderen Fähigkeiten einbringen und anwenden können. Sie hilft Ihnen, Ihre Fähigkeiten zum richtigen Zeitpunkt und im richtigen Verhältnis anzuwenden, und bietet dadurch ein hervorragendes Timing. Dieses Timing ist ein wichtiger Faktor für dauerhafte Spitzenleistungen.

Haben Sie zu wenig Geduld, laufen Sie Gefahr, in eine Handlung zu gehen, die Sie später gerne wieder rückgängig machen würden. Ungeduld führt auch meist zu Entscheidungen, die später sehr unangenehm werden können. Nicht selten wird (meist auf Kosten der langfristigen Ergebnisse) allein für ein kurzfristiges Ergebnis entschieden. Geduldige Führungspersönlichkeiten wissen, dass gute Ergebnisse Zeit brauchen und nicht in übertriebener Hektik zu erreichen sind. Sie besitzen das notwendige Durchhaltevermögen, um die Zukunft zu gestalten.

Und nutzen Sie den Reiz der Vielseitigkeit! Vielseitigkeit bereitet uns auf die schnelllebige Zeit vor, in der wir leben. Wenn wir uns dieser Welt mit definitiven Ideen und festen Positionen nähern, werden wir wenig Erfolg haben, ja sogar leiden. Wenn wir jedoch Veränderungen annehmen und an ihnen teilhaben, werden wir kreativer und mächtiger sein, als wir es je für möglich gehalten haben. Mit einem Mangel an Vielseitigkeit bewegen wir uns nur auf eingefahrenen Wegen, isolieren uns und werden unfähig, uns den Veränderungen um uns herum anzupassen. Wenn wir uns schließlich gezwungenermaßen verändern, haben wir nur noch wenig Kontrolle darüber. Mit Vielseitigkeit lernen wir, uns jeder Situation anzupassen, und Adaption wird zum Bestandteil unseres täglichen Lebens.

Wohlstand

Die meisten Menschen wollen mehr verdienen, als sie verdienen. Der Verdienst richtet sich jedoch nicht nach dem Anspruch, sondern nach der Leistung. Erst kommt das Dienen, dann das Verdienen; also sollten wir die Leistung erhöhen und nicht den Anspruch. Wer allerdings sein Leben lang nichts anderes tut, als Geld zu verdienen, verdient auch nichts anderes als Geld. Erst wenn wir zum vielseitigen Werkzeug werden, sind wir wirklich reich an allem. Denn...

...vermögend ist, wer etwas vermag!

Wenn Sie wollen, nehmen Sie sich nun ein paar Minuten Zeit und notieren Sie all die Dinge, die nach Ihrer Meinung zu Ihrem persönlichen Wohlstand gehören sollten. Schreiben Sie *alles* auf, was Ihnen einfällt:

1. _____   6. _____

2. _____   7. _____

3. _____   8. _____

4. _____   9. _____

5. _____   10. _____

Wir haben nachfolgend einige Begriffe aufgeführt, die Menschen unter Wohlstand verstehen könnten. Vielleicht sind noch ein paar Begriffe dabei, die Sie mit aufnehmen möchten.

Gesundheit, Freiheit, Intelligenz, genügend Geld, ein glückliches Familienleben, gute Freunde, ein angenehmer Beruf, Berufung (seine persönliche Lebensaufgabe erkennen und erfüllen können), Zuverlässigkeit und Pünktlichkeit, Haus, Besitz, sich über den eigenen Erfolg und über den Erfolg anderer freuen können, Erfolg (gemeint ist: Erfolg ist, was folgt, wenn wir richtig denken und handeln), in Harmonie mit anderen leben, anderen helfen, genügend Zeit, richtig lachen können, schöne Erinnerungen, inneres Erleben, Offenheit, Ehrlichkeit, loslassen können, Klarheit und Wahrheit, Erkenntnis der Wirklichkeit, Weisheit, in allem das höchste Prinzip erkennen können, bewusst in der Gegenwart leben können...

Wohlstand ist, wenn alles wohl steht.

Wie Sie Ihren Erfolg unvermeidbar machen können

Das Leben ist ein faszinierendes Abenteuer, ein Spiel. Sobald Sie die Spielregeln kennen und beachten, können Sie alles vom Leben haben und aus allem, was Ihnen begegnet, einen Erfolg machen. Sie können wirklich jedes Spiel gewinnen, denn die Realität ist jederzeit bereit, jede gewünschte Form anzunehmen – wenn Sie die entsprechenden Ursachen setzen! Jeder ist seines Glückes Schmied.

Ihr geistiges Potential
Viele unserer Möglichkeiten haben wir bisher nicht genutzt, weil wir sie noch gar nicht entdeckt und entfaltet haben. Obwohl wir bisher nur einen geringen Teil unseres geistigen Potentials nutzen, haben wir Großartiges geleistet, und das lässt uns leise ahnen, was auf uns wartet, wenn wir unser ganzes latentes geistiges Potential aktivieren. Wir alle verfügen über ein phantastisches Vermögen, von dem die meisten nicht einmal vermuten, dass sie es haben.

Ihre Ausstrahlung
Hat jemand eine starke positive Ausstrahlung, die andere begeistert und mitreißt, dann sprechen wir von einer charismatischen Persönlichkeit. Eine charismatische Persönlichkeit ist eine lebende Ursache für Erfolg, der dann auch zuverlässig und scheinbar mühelos erfolgt. Ihre Ausstrahlung können Sie jederzeit bewusst bestimmen und verändern, wenn Sie es wollen.

Ihre Einstellung zu Erfolg
Nun gibt es Menschen, die eine negative Einstellung zu Erfolg haben, weil Sie Erfolg mit Rücksichtslosigkeit verbinden. Doch niemand unternimmt etwas in der Absicht, keinen Erfolg zu haben,

ganz egal, welcher Tätigkeit er nachgeht. Ganz unabhängig vom Stand seiner geistigen Entwicklung versucht jeder bei seinem Tun erfolgreich zu sein. Erfolgreich zu sein ist ein Grundbedürfnis des Menschen. Deswegen sollten wir unsere Einstellung zu Erfolg sorgfältig prüfen, damit wir nicht mit einer negativen Einstellung unseren natürlichen Erfolg behindern oder gar erfolgreich verhindern.

Loslassen

Bevor Sie das Richtige tun können, sollten Sie das Falsche unterlassen bzw. loslassen. Mit der Technik des Loslassens verabschieden Sie sich von Minderwertigkeitsgefühlen, Egoismus, Eitelkeit, Neid, Ärger, Angst, Stress, Enttäuschungen, Aggressionen, mentalen Fehlprogrammen, Sorgen, Empfindlichkeit und anderen Hindernissen.

Hilfreiche Eigenschaften

Entwickeln Sie Fleiß, Ausdauer und Beharrlichkeit! Leben Sie Ihre Einmaligkeit und entwickeln Sie Ihren Humor. Machen Sie Freundlichkeit und Gelassenheit zu Ihrer Lebensgrundhaltung.

Schwächen in Stärken verwandeln

Fangen Sie an, Schwächen in Stärken umzuwandeln und Stärken optimal zu nutzen.

Der erste Eindruck

Pflegen Sie die Kunst, einen optimalen ersten Eindruck zu erzeugen, denn Sie bekommen nie wieder eine Chance, Ihren ersten Eindruck zu wiederholen. Er sollte also gleich beim ersten Mal stimmen. Die ersten sieben Sekunden sind entscheidend: Seien Sie ganz bewusst sympathisch, indem Sie bei jedem Menschen, der Ihnen begegnet, eine energetische Brücke der Sympathie schaffen. Richten Sie dabei Ihre Aufmerksamkeit auf das, was Sie am anderen gut finden.

Aufmerksamkeit

Interessieren Sie sich wirklich für jeden, mit dem Sie sprechen, und lassen Sie es ihn spüren.

Sympathie

Ein Faktor, der unser ganzes Leben entscheidend beeinflusst. Er ist bei jedem Menschen (zumindest latent) vorhanden, aber unterschiedlich ausgeprägt. Er kann jedoch von jedem jederzeit aktiviert werden und beginnt im gleichen Augenblick deutlich spürbar zu wirken. *Sympathischsein* verzaubert das Leben eines jeden Einzelnen ganz entscheidend. *Sympathischsein* ist der Grundbaustein des Erfolgs.

Selbst wenn Sie auf Ihrem Gebiet die größte Kapazität sind – wenn man Sie nicht mag, wird sich Ihr Erfolg in Grenzen halten. Dabei können Sie das ganz einfach ändern: Sympathischsein ist keine Gabe der Natur, die ein launisches Schicksal dem einen in die Wiege legt und dem andren nicht. Sympathischsein ist eine natürliche Fähigkeit eines jeden Menschen, die nur unterschiedlich entwickelt ist und die von einem Augenblick zum anderen aktiviert werden kann. Wenn Sie ihm sympathisch sind, bringen Sie den anderen in eine bessere Schwingung und erheben ihn zu sich selbst, so dass er sich viel wohler fühlt. Und dafür ist er Ihnen dankbar.

Faszination

Noch wirkungsvoller wird Ihr Sympathischsein in Kombination mit Optimismus und Humor: Es entsteht *Faszination*, eine Ausstrahlung, der sich niemand entziehen kann, denn ganz unmerklich sind Sie eine gewinnende Persönlichkeit geworden, der der Erfolg scheinbar mühelos in den Schoß fällt, ja geradezu „nachläuft". Es öffnen sich Türen, die für andere gar nicht vorhanden sind. Wenn Sie wirklich wollen, dann beginnt für Sie diese positive Erfahrung in diesem Augenblick – für immer!

Entwicklung der Persönlichkeit

Fachkompetenz reicht heute nicht mehr aus, um sich von anderen abzuheben. Entscheidend ist die Entwicklung der eigenen Persönlichkeit, die zu einer starken Souveränität im Umgang mit den Aufgaben und Anforderungen des Berufs führt. Dazu gehört ebenso unverzichtbar auch das „Persönlichkeits-Marketing". Die so entwickelte Erfolgspersönlichkeit sollte dann auch zielgerecht eingesetzt werden, um bei anderen Vertrauen und Sympathie bewusst aufzubauen.

Die energetische Signatur

Jeder Mensch ist ein Energiefeld mit einer ganz bestimmten Schwingung, seiner individuellen „energetischen Signatur". Ob er es weiß oder nicht, ob er es will oder nicht, er strahlt diese Schwingung ständig aus. Jeder andere, ob er es weiß oder nicht, ob er es will oder nicht, empfängt bewusst oder unbewusst diese Schwingung und reagiert darauf mit Abneigung oder Zuneigung.

Alles schwingt. Das stärkste Energiefeld mit seiner ganz persönlichen „energetischen Signatur" ist der Mensch. Der Mensch hat einen einzigartigen Vorteil; er kann seine Schwingung bewusst verändern und ihr einen ganz bestimmten erwünschten Inhalt geben. Diese Schwingung überträgt sich automatisch auf jeden und alles in seiner Umgebung. Er kann sie aber auch ganz bewusst auf einen anderen oder auf etwas Bestimmtes richten und so seine Schwingung gezielt übertragen. Ihr ganzes Leben beginnt sich konstruktiv zu verändern, und zwar im selben Augenblick, in dem Sie bewusst in die Erfahrung eintreten, sympathisch zu sein. Wenn Sie einen Beweis dafür brauchen, machen Sie es einfach und Sie sind der Beweis. Sympathischsein funktioniert bei jedem immer und sofort.

Ausstrahlung

Es ist Ihre Entscheidung, mit welcher Ausstrahlung Sie durch den Tag gehen, und ausstrahlen kann natürlich nur das, was vorhanden ist. Die Ausstrahlung bestimmt den größten Teil Ihres Lebens: Ihre Gesundheit, Ihre Beliebtheit bei den anderen, den Erfolg, den Sie haben, Ihren Wohlstand, Ihr ganzes Leben. Sie können Ihre Ausstrahlung bewusst bestimmen und jederzeit darauf Einfluss nehmen.

Fachkompetenz

Auch wenn Fachkompetenz alleine nicht ausreicht, ist sie doch unverzichtbar. Es fällt immer auf, wenn jemand über Dinge spricht, von denen er was versteht.

Gerichtete Energien und Gedankenkontrolle

Realität entsteht durch zielgerichtete Energie. Gedanken, Gefühle, Vorstellungen und Überzeugungen sind Energien, die Wirklichkeit schaffen. Ihre Gedanken und die daraus resultierenden Handlungen bestimmen den größten Teil Ihres Lebens. Jeder einzelne Gedanke kehrt zu Ihnen zurück; als Ereignis, als Situation oder Umstand. Ein negativer Gedanke kann nur ein negatives Ereignis verursachen, ebenso zuverlässig wie ein positiver Gedanke ein positives Ereignis verursacht. Daher ist wahres positives Denken und Leben ein wichtiger zukunftsbestimmender Faktor.

Sie sind ein permanenter Sender und senden ständig Energie in einer ganz bestimmten Schwingung aus. Damit ziehen Sie zuverlässig ganz bestimmte Ereignisse in Ihr Leben. Ebenso zuverlässig schließen Sie damit andere Ereignisse und Umstände aus, auch wenn Sie diese noch so sehr wünschen oder ganz dringend brauchen. Lernen Sie also zunächst, die unerwünschten Ereignisse energetisch nicht mehr hervorzurufen oder anzuziehen und dann die erwünschten Ereignisse energetisch zu verursachen und damit in der Realität zu manifestieren.

Probleme lösen, bevor sie entstehen
Zum energetischen Selbstmanagement gehört es, unerwünschte Energien wie Ärger, Stress, Angst, Unsicherheit usw. zu erkennen und aufzulösen, bevor sie als Realität in Erscheinung treten.

Stimme
Wie oben beschrieben, hat jeder Mensch hat seine ganz persönliche Signatur, die über ihre Ausstrahlung nach dem Gesetz der Resonanz das Verhalten der Umwelt, aber auch der Lebensumstände und Ereignisse bestimmt. Ein besonders wichtiger Teil dieser energetischen Signatur ist die Stimme. Die Stimmschulung ist der schnellste Weg zum Erfolg, denn die Stimme ist Ihre hörbare Visitenkarte. Lernen Sie daher, von Ihrem „Zauberinstrument Stimme" optimalen Gebrauch zu machen! Es gibt kaum einen Bereich, in dem man so viel für seinen Erfolg tun kann, wie über seine Stimme und über die Sprache, und es gibt keinen, bei dem der Erfolg schneller sichtbar wird.

Ihr Selbstbild
Ein wesentlicher Faktor des Charismas, vielleicht sogar der wichtigste, ist das Selbstbild. Was halten Sie von sich? (Mehr dazu finden Sie im Kapitel „Selbstidentifikation – Ihr derzeitiges Selbst-

bild"). Dieses Selbstbild ist nur eine Vorstellung und entsteht durch das, was Sie von sich denken und glauben. Es hat jedoch eine entscheidende Wirkung auf Ihr ganzes Leben, Ihren Erfolg, Ihre Gesundheit, Ihr Schicksal. Da das Selbstbild nur eine Vorstellung ist, kann es jederzeit verändert oder ausgetauscht werden. Mit Ihrem Selbstbild nehmen Sie großen Einfluss auf Ihr Leben, Sie bestimmen damit den größten Teil Ihrer Zukunft.

Machen Sie sich bewusst: Sie sind einzigartig, einmalig und faszinierend. Der Kontakt mit Ihnen ist für jeden ein Gewinn und eine Freude. Sie sind Herr der Situationen, der Ereignisse und des Zufalls. Sie sind eine souveräne Erfolgspersönlichkeit mit Zukunftskompetenz.

Schwierigkeit als Chance

Wenn Sie im Chancenbewusstsein leben, erkennen Sie, dass alles, was Ihnen widerfährt, und alles, was gerade geschieht, in Wirklichkeit eine Chance ist. Alle Probleme und Schwierigkeiten sind in Wirklichkeit verkleidete Chancen und enthalten immer auch die beste Lösung.

Aufgeschlossenheit und Freundlichkeit

Machen Sie Aufgeschlossenheit und Freundlichkeit zu Ihrer Wesensart und erwarten Sie nicht, dass auch andere sich so verhalten. Seien Sie so, weil Sie sich dabei in sich wohler fühlen und Achtung vor sich selbst haben. Plötzlich ist dann alles ganz einfach und es ist ein wunderbares Abenteuer, seine Persönlichkeit zu gestalten und nach seinen Vorstellungen zu formen.

Agieren statt reagieren

Wenn uns etwas widerfährt, reagieren wir darauf, egal, ob es angenehm oder unangenehm für uns ist. Sei es das Wetter, Telefonate, die uns erreichen, das Verhalten des Partners uns gegenüber, ob wir krank werden, einen Unfall haben oder ob wir im Lotto gewinnen. Uns erscheint es ganz normal, auf Ereignisse zu reagieren. Dabei sollte es umgekehrt sein: Wir sollten in Handlung gehen, bevor die Ereignisse eintreten, dann erreichen wir im Leben viel eher, was wir wirklich wollen. Wenn wir ausschließlich auf Situationen reagieren, anstelle selbst in Aktion zu treten, ist es in manchen Fällen schon zu spät. Machen Sie es so, als ob Sie in ein Restaurant gingen: Wenn Ihnen der Kellner ein Glas Bier auf den Tisch stellt und es genau das ist, was Sie in dem Moment haben wollen, dann haben Sie es sicher davor bestellt. Sie beginnen Ihr Leben in dem Augenblick zu bestimmen, in dem Sie nicht mehr auf die Ereignisse reagieren, sondern anfangen zu agieren. Damit verursachen Sie Ihre Umstände ganz bewusst.

Die geistigen Gesetze

Wir nennen die Welt Kosmos. Kosmos bedeutet Ordnung. Diese Ordnung gehorcht klaren Gesetzmäßigkeiten wie dem Gesetz von Ursache und Wirkung und dem Gesetz der Resonanz. Jeder Bauer weiß, dass er nur das ernten kann, was er zuvor gesät hat, nicht mehr, nicht weniger und nichts anderes. Nur im sonstigen Leben glauben die meisten Menschen an Glück, Pech und Zufall, obwohl eben jedem nur das zufallen kann, was er zuvor selbst in Erscheinung gerufen hat.

Das Leben gehorcht den geistigen Gesetzen, und jeder, der diese Gesetze kennt und befolgt, kann vom Leben alles haben, was er zu verursachen bereit ist.

Ausdauer

Ein chinesisches Sprichwort sagt: „Dem Menschen wäre nichts unmöglich, hätte er die Beharrlichkeit." Wir aber wollen so oft sofortige Befriedigung und suchen den Gewinn ohne Einsatz. Bemühen wird von vielen Menschen nicht mehr akzeptiert. Worum man sich aber nicht bemüht, ist meist auch nicht der Mühe wert. Wir gewinnen nur, wenn wir entschieden, mutig, zuversichtlich, vor allem aber mit Ausdauer ans Werk gehen. Diese Eigenschaften können trainiert werden, wenn sie nicht ausreichend vorhanden sind. Mit Ausdauer können selbst schwerwiegende Schwächen und Mängel, auch wenn sie angeboren sind, für alle Zeit beseitigt werden.

– *Führen Sie zu Ende, was Sie anfangen?*
– *Haben Sie Ausdauer oder lassen Sie sich leicht entmutigen?*
– *Halten andere Sie für ausdauernd?*
– *Denken und sprechen Sie in positiver Art und Weise über Ihre Ziele?*

– Wissen Sie, was Sie wollen?
– Machen Sie Stolpersteine zu Schrittsteinen?
– Glauben Sie an sich selbst?

Denken Sie immer daran, dass Schicksal kein Glücksspiel ist. Wir haben die Freiheit zu wählen, aber wir können nicht aufhören zu wählen, denn selbst wenn wir nichts tun, haben wir gewählt. Mit Ihren Gedanken bewegen Sie geistige Energie, und beharrlich bewegte Energie verwirklicht sich. Doch nicht das Beginnen wird belohnt, sondern einzig und allein das Durchhalten.

> *Es ist unglaublich, was man alles schafft,*
> *wenn man nichts anderes tut.*

Erfolg ist ...

Erfolg ist im Grunde nichts anderes
als die Überwindung der Angst vor dem Versagen.

— — —

Erfolg ist das, was erfolgt,
wenn wir richtig denken und handeln.

— — —

Wenn man im Leben keinen Erfolg hat,
braucht man sich deshalb
nicht für einen Idealisten zu halten.

Kommunikation,
die unter die Haut geht

Machen Sie Wortgeschenke!
Wie würde Ihre Umgebung sich verändern, in der wir nicht mehr sagen, was uns gerade in den Sinn kommt, sondern wenn wir den Anspruch an uns haben, dass jedes Wort ein Geschenk sein soll? Jedes unserer Worte kann ein Geschenk sein. Wortgeschenke machen Sie, wenn Sie Worte nur noch zu drei Zwecken gebrauchen:
a) zum Helfen und Heilen,
b) zum Danken,
c) zum Segnen.

Das Geheimnis des Zuhörens
Bevor wir jedoch selbst sprechen, kommt der wichtigste Teil des Redens: das Zuhören. Auch hierbei sollten wir unser Bewusstsein ausrichten, damit wir nicht nur mit den Ohren, sondern auch mit dem Herzen hören. Dann nämlich hören wir, was der andere sagt, und auch das, was er nicht sagt oder vielleicht nicht sagen kann.
Beim Zuhören ist meist die eigentliche Information das Unwichtigste. Hören wir mit dem Herzen, wenn uns jemand „guten Tag" sagt, dann bekommen wir eine ganze Reihe von Informationen über seinen derzeitigen Gemütszustand, seine Gesundheit, seine Partnerschaft, seinen Beruf und seine Lebensphilosophie.

a) Was wurde verbal gesagt? Nehmen Sie die Information vollständig und unmissverständlich auf und fragen Sie notfalls nach: „Meinen Sie das wirklich so?"
b) Überprüfen Sie für sich: Was wurde energetisch gesagt? Hören Sie mit Ihrem Herzen!
c) Was meint der andere wirklich? Hören Sie mit Ihrem Bewusstsein oder befragen Sie dazu Ihren inneren Meister.

d) Was bedeutet das Gesagte auf jener Ebene für mich? Was bedeutet es gerade jetzt? Welche Konsequenzen ergeben sich daraus?
e) Was wurde emotional gesagt? Welche Gefühle bewegen den anderen beim Sprechen? Welche Gefühle ruft das Gesagte in mir hervor?

Das Geheimnis des ersten Wortes

Das erste Wort bestimmt das Niveau Ihrer Begegnung, denn gerade die Ebene, die Sie beim anderen ansprechen, antwortet Ihnen. Sie bestimmen nicht nur bewusst das erste Wort, den Gedanken dahinter, den Ton, die Gestik und die Mimik, sondern auch Ihr Bewusstsein.

1. **Als wer sprechen Sie?**
   Sprechen Sie als Verstand, Gemüt, Ego oder Unterbewusstsein?
   Oder sprechen Sie als der, der Sie wirklich sind?
   Seien Sie sich bewusst darüber, dass der wirkt, der spricht!

2. **Zu wem sprechen Sie? Und was sagen Sie?**
   Sind Ihre Worte ein Geschenk für die anderen?
   Meinen Sie auch wirklich den anderen?
   Es antwortet der, den Sie ansprechen!

3. **Wie sprechen Sie?**
   Sind Sie nicht nur bewusst, sondern auch liebevoll?

Wenn Sie den anderen wahrgenommen und sich bewusst gemacht haben, wer er wirklich ist, richten Sie das erste Wort an ihn. Menschen, die diese Kunst des ersten Wortes beherrschen, sprechen Ihr Gegenüber auf einer ganz anderen Ebene an. Das Gesagte geht wesentlich tiefer. Anstatt einfach nur zu reden, sprechen sie machtvolle Worte. Denn jedes ihrer Worte geht beim anderen unter die Haut.

Subkutanes Sprechen

Wissen Sie, ob Sie einen anderen wirklich *an*sprechen, wenn Sie mit ihm sprechen? Berühren Sie ihn mit dem Gesagten? Eine Fähigkeit, die zum Genie gehört, ist subkutanes Sprechen. Subkutan sprechen heißt, mit anderen Menschen so zu reden, dass es ihnen unter die Haut geht. Die meisten Menschen sprechen den anderen gar nicht an, sie sprechen nur zu ihm *hin*. Wenn Sie schon etwas sensibel geworden sind, gelingt es Ihnen vielleicht, dass Sie sich einmal energetisch sichtbar machen, *wo* jemand *hin*spricht.

Stellen Sie sich einmal vor, man würde zwischen zwei Gesprächspartnern eine Linie ziehen oder eine Schnur spannen und auf dieser Linie oder Schnur würde man eine rote Kugel verschieben… eben dorthin, wo der Einzelne *hin*spricht. Fast alle Menschen sprechen etwa 60 Zentimeter vor sich hin, an dieser Stelle in etwa landet die Energie des Gesagten. Das heißt, dass man damit den anderen eigentlich gar nicht richtig erreicht. Natürlich hört der andere die verbale Information, aber rein energetisch gesehen kommt nicht mehr viel bei ihm an. Da mag die verbale Information noch so präzise erscheinen, doch diese ist äußerst ungenau.

Beispiel: Jemand in einer größeren Runde nennt den Begriff *Baum*. Das ist eigentlich eine sehr präzise Angabe. Doch wenn sich hundert Leute in einem Saal einen vorstellen, dann hat jeder von ihnen eine andere Vorstellung von einem Baum. Das heißt, Kommunikation rein verbal (also nur über das Wort) ist höchst unzuverlässig. Wir sollten uns also stets vergewissern, was der andere verstanden hat und wie es bei ihm angekommen ist. Was unser Gegenüber braucht, ist die entsprechende Energie. Wir sollten lernen, zu anderen Menschen *hin* zu sprechen, sie *an*zusprechen. Das heißt, die Energie sollte sie erreichen – erst dann können wir andere mit dem Gesagten berühren. Wenn wir noch einen Schritt weitergehen wollen, dann gehen wir mit unserer Energie bewusst in den anderen hinein. Dann sprechen wir subkutan.

Vision und Unternehmensphilosophie

Die Führungspersönlichkeit

Ein Mensch, der seine Mitte gefunden hat, steht bereits im Mittelpunkt. Dieser Mensch ist nicht nur überzeugt von seinen Fähigkeiten, welches sich in einem selbstsicheren Auftreten ausdrückt. Ein Mensch, der aus seiner Mitte heraus lebt, verfügt über ein echtes Selbstbewusstsein: Er ist sich seiner selbst bewusst. Dadurch gewinnt er eine unerschütterliche Gelassenheit.

Selbstbewusst sein heißt auch, echt, ehrlich und authentisch zu leben. Dazu gehört es, alles loszulassen, was nicht mehr wirklich zu einem gehört, um immer mehr der zu sein, der man wirklich ist. Ehrliche und authentische Menschen bezeichnen wir als Persönlichkeiten. Sie wirken faszinierend auf andere, sie werden bewundert, man hält sich gerne in ihrer Gegenwart auf, man möchte es ihnen gleichtun, und nicht selten machen wir sie zu unserem Vorbild. So besitzen wirkliche Führungspersönlichkeiten eine natürliche Autorität, der man wie von selbst folgt, die ihnen nicht von außen verliehen wurde, sondern die aus dem eigenen *Sosein* gewachsen ist.

Unternehmer und Führungskräfte von heute sollten lernen, ihre geistigen Prozesse bewusst zu kontrollieren und zu lenken. Das funktioniert nur, indem sie ihr Bewusstsein verändern. Dazu benötigen sie drei geistige Werkzeuge:

1. die *Imagination* (die Fähigkeit der bildhaften Vorstellung);

2. die *Affirmation* (Wiederholung bestimmter Sprachmuster), so dass die Vision den Mitarbeitern mitgeteilt werden kann;

3. die *Erinnerung an die Zukunft* und die Fähigkeit, durch Intuition Information abzufragen, wann immer sie benötigt wird.

Diese Arbeit an sich selbst führt automatisch zu einer wirklichen Selbstsicherheit, die nicht aus bestimmten Ansichten über sich selbst resultiert, sondern aus der Erkenntnis der unbegrenzten Fähigkeiten unserer ureigensten Kräfte. Erst aus diesen geistigen Werkzeugen zusammen resultiert dann die umfassende Handlungskompetenz einer modernen Führungskraft. Wir kommen also nicht mehr umhin, unser Ego zu transzendieren. Doch oft genug versucht gerade unser Ego die Transzendenz zu verhindern.

Die Hauptaufgabe moderner Unternehmensführung ist die Optimierung der Leitvision, die ständig überprüft und aktualisiert wird. Nur so kommt es zu einer zukunftsorientierten Führung des Unternehmens. Dafür braucht es allerdings ein Training der ganzheitlichen Persönlichkeit, denn das Führungsinstrument des Managers ist seine Persönlichkeit. Er sollte nämlich in der Lage sein, gleich mit drei Bereichen professionell und harmonisch umzugehen, nämlich mit sich selbst (und seinem Ego), mit der Gruppe (seinen Mitarbeitern) und mit dem Umfeld.

Dabei ist er auch oft genug gefordert, selbst alle drei Bereiche untereinander in Harmonie zu bringen. Er sollte also immer schneller und effektiver lernen, um sich den verändernden Wirklichkeiten schneller und flexibler anpassen zu können.

Viele neue Eigenschaften werden von ihm erwartet. Er sollte zum Beispiel in der Lage sein, über sich selbst und seine Verhaltensweisen nachzudenken, ohne sich selbst zu verlieren oder sich aus Angst selbst zu idealisieren. Er sollte überholte Verhaltensmuster erkennen, auflösen und durch neue ersetzen können. So braucht er eine allgemein hohe Konflikttoleranz und auch den Mut, sich einzugestehen, wo derzeit seine Grenzen sind. Gerade durch solche Eigenschaften bringt er es fertig, seine Überlegenheit zu zeigen. Er sollte ein klares Selbstbild von sich haben bei gleichzeitig hoher Bereitschaft zur Selbstkritik. Andererseits sollte er sich durch Fremdkritik nicht beirren lassen, sondern erkennen, dass es sich hierbei immer nur um die Meinung eines anderen handelt. Entweder hat dieser recht (und dann kann man ihm nur dankbar sein, weil er auf einen Mangel aufmerksam gemacht hat), oder er hat nicht recht – dann hat der andere sich einfach nur geirrt.

Um in einer dynamischen Zukunft Spitzenleistungen zu ermöglichen, sollten Führungskräfte lernen, ihre Fähigkeiten mit New Age-Fähigkeiten zu ergänzen. Im Vergleich zur Vergangenheit braucht er *noch mehr kreatives Verständnis, Sensitivität, Erfolgsbewusstsein, Selbstbewusstsein, Begeisterung und Freude, mentale Stärken, Flexibilität, erhöhte Konzentration, eine Vision und viel mehr innere Gelassenheit.*

Zukunftsvorhersagen für wirtschaftliche Entwicklungen werden meist durch Hochrechnung vorhandener Daten durch den Computer erstellt. Die Daten liefern die Statistik, die Wirtschaftswissenschaften und die Soziologie. Trotz aller Sorgfalt aber verlaufen die Entwicklungen oft ganz anders, so dass der Unternehmer letztlich doch auf seine Intuition angewiesen ist. Somit werden seine ausgereifte Persönlichkeit, seine Sensibilität und sein persönliches Weltbild immer mehr zur Voraussetzung für seinen Erfolg. Prognosen können zwar wertvolle Hilfen sein, aber sie können nicht die unternehmerische Intuition ersetzen. Die Entwicklung einer Persönlichkeit jedoch ist in einem hohen Maße davon abhängig, welche Antworten jemand auf die Grundfragen des Lebens *(Wer bin ich wirklich? Was ist der Sinn des Lebens?)* gefunden hat.

Vielleicht kommen Sie jetzt an einen Punkt, wo Sie sich sagen, dass diese Dinge zu den Glaubensfragen gehören und mit Wissenschaft und Unternehmensführung nichts zu tun haben. Bedenken Sie doch hierbei bitte, dass alle großen Wissenschaftler, von Einstein bis Heisenberg, sich durch ihre wissenschaftliche Arbeit gezwungen sahen, das materialistische Weltbild aufzugeben und nach dem Sinn dahinter zu suchen.

Erfolg hat der, der sich selbst und seine eignen Stärken verwirklicht. Einen Hinweis auf die eigene Stärke vermittelt die Einsicht in die eigene „Zeitwelt". Weiß ein Mensch um seinen eigenen Zeittyp (gegenwarts-, zukunfts- oder vergangenheitsbezogen), kann er leichter herausfinden, welcher Job und welche Firma seinen Stärken am ehesten entsprechen. Wer sich bei einem Unternehmen bewirbt, welches eine ganz andere Zeitorientierung hat als er selbst, wird sich im Job sicherlich schwerer tun als in einem Unternehmen mit einer ähnlichen Zeitorientierung. Führungskräfte, die über ihre Zeitwelt und die der anderen Bescheid wissen, können besser auf ihre Mitarbeiter und Geschäftskollegen eingehen. Die Kenntnis der eigenen Zeitorientierung und das Wissen um ihre Stärken minimieren Karriererückschläge, und wer seine Zeitorientierung kennt, entgeht auch der Gefahr, die Stärken anderer zu imitieren.

Die eigenen Stärken reichen aus, es gilt lediglich, die eigenen Fähigkeiten richtig einzusetzen. Jeder, egal welcher Zeitorientierung er angehört, kann in seinem Beruf erfolgreich sein, vorausgesetzt, er bekennt sich zu seiner Persönlichkeit. Wer die Firma nicht wechseln will und seinen beruflichen Aufstieg nur mithilfe der Selbstanalysemethode plant, weiß schon frühzeitig, in welche Richtung er sich am besten orientiert. Er kann seine Weiterbildungsaktivitäten entsprechend koordinieren, Angebote selektieren und die Karriere planen.

Motivation am Arbeitsplatz

Wahrscheinlich sind Ihnen die nachfolgend aufgeführten Punkte längst vertraut und vielleicht sind Sie auch ein Chef, der all dies schon längst berücksichtigt und integriert hat. Dennoch möchten wir hier die wichtigsten Punkte für Motivation noch einmal aufführen, weil sie in vielen Unternehmen immer mal wieder vergessen werden.

Achten Sie auf Ihre Gesundheit und auf die Gesundheit Ihrer Mitarbeiter!

Zu den Zivilisationskrankheiten gesellt sich das Unvermögen, die tägliche Anspannung durch tägliche Entspannung auszugleichen, in sich zu horchen, ob Krankheiten oder zwischenmenschliche Störungen eine schöpferische Pause im Umgang mit seinen Kräften notwendig machen. Viele dieser Beeinträchtigungen ließen sich durch mehr Aufmerksamkeit vermeiden.

Beruf und Arbeit sollten Erfolg und innere Zufriedenheit vermitteln, um nicht zur Last und somit zur Belastung zu werden. Arbeit, die allein aus äußerem Zwang (z. B. wegen des Verdienstes) erledigt wird, macht unzufrieden und verursacht Erkrankungen. Achten Sie auch auf einen Arbeitsplatz, an dem man sich wohlfühlen kann!

Schätzen Sie die Arbeit anderer!
Lob ist ein nachhaltiger Ansporn zu erhöhter Leistung, ständiger Druck bewirkt genau das Gegenteil. Bekommt ein Mitarbeiter von seinem Vorgesetzten Anerkennung und Wertschätzung, motiviert ihn das viel mehr als eine hohe Bezahlung bei Gleichgültigkeit. Sein innerer Antrieb resultiert aus dem Gefühl, ein geschätzter Mitarbeiter zu sein.

Achten Sie auf ein gutes Arbeitsklima!
Der Kontakt unter den Kollegen soll menschlich und verständnisvoll sein. Bei guter Kollegialität werden gelegentliche persönliche Minderleistungen von der Arbeitsgemeinschaft ausgeglichen, bei schlechter Kollegialität leidet die Leistung der ganzen Arbeitsgemeinschaft. Tun Sie alles, was in Ihrer Macht steht, damit sich die Menschen an ihrem Arbeitsplatz wohlfühlen, und greifen Sie schützend ein, wenn Sie Streitigkeiten oder Intrigen vermuten.

Sehen Sie in einem Mitarbeiter mehr als eine Arbeitskraft!
Wir alle brauchen bei der Arbeit das Gefühl, als Mensch gefragt zu sein. Sieht ein Mitarbeiter sich nur als eine „funktionierende Arbeitskraft", weil er aus seiner Sicht unverständliche Anweisungen mechanisch zu befolgen hat, erzeugt dies in ihm ein Gefühl der Sinnlosigkeit. Kann er dagegen eigene Ideen in seine Tätigkeit mit einfließen lassen, schafft dies Erfolgserlebnisse, die ihn immer wieder neu motivieren.

Bei aller Motivation: Achten Sie auf die Einheit von Körper und Seele!
Arbeit und Beruf sind nur ein Teil des Lebens. Wer seine Arbeit als alleinigen Lebensinhalt betrachtet, verzichtet bewusst auf inneren Ausgleich durch Familie und Freizeitbeschäftigungen. Wer die anderen Bereiche des Lebens jedoch zu nutzen weiß, wird auch in seiner Arbeit zufriedener und erfolgreicher. Er wird vor allen Dingen auch später ein erfülltes Leben führen, wenn eines Tages seine Arbeit in jüngeren Händen liegt.

Körper und Seele bilden eine Einheit. (Diese Weisheit kennen wir bereits aus der Antike, doch sie scheint in der heutigen Berufswelt wenig Platz zu haben.) Viele persönliche Störungen und zwischenmenschliche Beeinträchtigungen zeigen an, dass die Seele durch den Körper schreit. Der eine hat eine „Kröte zu schlucken" (die ihm wiederum „schwer im Magen liegt"), dem Nächsten „schlägt es auf den Magen". Magengeschwüre erscheinen gerade zwischen dem vierten und fünften Lebensjahrzehnt am häufigsten.

Schon manch erfolgreicher Aufsteiger hat plötzlich eine Leere in sich gefunden. Nach dem Zwang, sich zu behaupten oder seine Kräfte auf die Etablierung in der Gesellschaft zu richten, kommt irgendwann einmal die Zeit, über den wirklichen Sinn seines Lebens nachzudenken. Manche entdecken mit Erschrecken, dass sie auf ihrem Lebensweg viele Jahre lang eine sinnlose Route eingeschlagen haben und dass ihre jetzigen Lebensumstände leer und ohne Bedeutung sind. Zu lange wurden hartnäckig Ziele verfolgt, die durch Statussymbole oder Sicherheit zu scheinbarem Erfolg verholfen haben. Wie sinnlos dieser gewählte Weg wirklich ist, lässt sich oft erst viel später durch die verbliebene Leere begreifen. Wenn wir erst nach langer Zeit erkennen, dass wir vergessen haben, uns selbst zu verwirklichen, wirkt dies zutiefst niederschmetternd, weil sich dabei herausstellt, dass man gegen die eigene Persönlichkeit gearbeitet hat. Darum ist es so wichtig, gerade während der beruflichen Laufbahn innezuhalten und sein Leben genau auch nach diesen Standpunkten zu prüfen.

Die Zauberkraft der Sensitivität

Sensitivität ermöglicht es, uns in andere Personen hineinzuversetzen, um deren Erwartungen und Bedürfnisse zu verstehen. Diese Erwartungen und Bedürfnisse können dann so behandelt werden, als wären es unsere eigenen. Sensible Führungskräfte motivieren ihre Mitarbeiter in einer effektiven und andauernden Art und Weise. Dadurch gewinnen sie die Begeisterung der Menschen, die für sie arbeiten. Führungskräfte, denen diese Sensitivität fehlt, unabhängig davon, wie weit blickend ihre Strategien sein mögen, bieten nur kalte, gefühllose Pläne an. Ihre Versuche, die richtige Truppe um sich zu scharen, um ihr Unternehmensziel zu verfolgen, bleiben erfolglos.

Im Laufe der Jahre haben wir fünf Hindernisse gefunden, die Führungskräften den Weg zu einer aufrichtigen Sensitivität erschweren:

- die Vermutung, die Bedürfnisse anderer zu kennen, ohne mit ihnen darüber gesprochen zu haben;
- alle Mitarbeiter gleich behandeln, ohne auf Unterschiede zu achten
- Mitarbeiter als Werkzeuge oder Produktionseinheiten zu sehen;
- Mitarbeiter aufgrund von Vergangenheitserfahrungen einschätzen, ohne auf Veränderungen oder Verbesserungen zu achten;
- die Annahme, Mitarbeiter sollten in einer bestimmten Situation auf gleiche Weise reagieren, wie man selbst reagiert hätte.

Erkennt man diese Hindernisse, kann man sie umgehen. Die visionäre Führungskraft macht Folgendes:

1. *Sie gibt lächelnd zu, dass nur wenige Termine in ihrem Kalender verzeichnet sind.* Im Gegensatz dazu kann jemand ohne Vision keine weiteren Termine einschieben, sein überlasteter Tagesplan hält ihn gefangen.

2. *Sie verbringt viel Zeit damit, im Unternehmen umherzugehen, die Mitarbeiter freundlich zu begrüßen und mit ihnen zu plaudern.* Im Gegensatz dazu verbringt die Führungskraft des „alten Typs" den Großteil der Zeit in formalen Sitzungen.

3. *Sie spricht häufig über ihre Philosophie, über die Unternehmensentwicklung sowie über Werte, die (wie sie glaubt) für das Unternehmen vielversprechend sind.* Im Gegensatz dazu spricht jemand ohne Vision nie über seine Philosophie, weil er ja keine hat. Seiner Meinung nach ist er zu beschäftigt, als dass er sich mit Abstraktionen und Phantasien beschäftigen könnte.

4. *Sie fordert von ihren Mitarbeitern, dass sie mit Verstand und Gefühl arbeiten, da diese beiden Charakteristika in kritischen Situationen des Lebens nicht voneinander zu trennen sind.* Im Gegensatz dazu schaut der andere Managertyp finster drein, lächelt selten und nimmt zwischen den Sitzungen seine Mitarbeiter zur Seite und kritisiert ihre Arbeit.

5. *Sie bringt im Laufe ihres Arbeitstages viel Zeit damit zu, über neue Produkte und deren Fertigung zu sprechen. Sie bewirtet wichtige Mitarbeiter bei spontanen und informellen Mittagessen, die sie zu Diskussionen mit Führungskräften inspirieren.* Im Gegensatz dazu verschwendet die Führungskraft ohne Vision viel Zeit bei Sitzungen, in denen sie Skripte zur Verkaufsförderung Wort für Wort vorliest.

Visionen gehören nicht nur zu den wichtigen New Age-Fähigkeiten, sondern sie bilden den zentralen Punkt einer Verbindung von Strategie und Veränderungen, die die Zukunft der Organisation bedeuten. Visionen unterstützen uns bei der Konzentration auf die Zukunft und ermöglichen es, aus potentiellen Gefahren Chancen entstehen zu lassen. Visionäre Führungskräfte versetzen ihr Unternehmen in eine Position, in der sie das Beste aus unmittelbar bevorstehenden Veränderungen machen können. Auch bemühen sie sich, Veränderungen selbst zu beeinflussen, anstatt passiv darauf zu reagieren. Sie wissen Veränderungen zu nutzen. Führungspersönlichkeiten *ohne* Vision sind dazu bestimmt, eine Zukunft zu erleben, die sie nur geringfügig mitgestaltet haben.

Führungspersönlichkeiten, die eine klare Vision besitzen, haben die Fähigkeit, gedanklich zwischen Bekanntem und dem Unbekannten umherzuwandern. Sie gestalten ihre Zukunft ganz bewusst selbst aus Fakten, Hoffnungen, Träumen, Gefahren und Möglichkeiten. Mithilfe von Intuition und erweitertem Bewusstsein gelingt es ihnen, in eine Organisation *hinein*zusehen. Dadurch erhalten sie ein besseres Verständnis für das Unternehmen und dessen Umwelt.

Über ein gutes Miteinander...

*Versuchen Sie die Dinge, die Menschen und die Umstände
völlig wertfrei zu betrachten.
Beobachten, ohne zu bewerten.*

— — —

*Verzeihen Sie niemals!
Das hört sich hart an, aber wenn man jemandem verzeihen kann,
muss man ihn zuvor verurteilt haben.*

— — —

*Erkennen Sie, dass weder Lob noch Kritik
eine Wirklichkeit beinhalten,
sondern nur die Meinung eines anderen darstellen,
also seine Ansicht von der Wirklichkeit.*

— — —

*Was der Egoist sucht, ohne es zu finden,
findet der Liebende, ohne es zu suchen.*

Aus dem beruflichen Alltag

Im beruflichen Alltag zeigen sich einige Probleme als besondere Herausforderung: Ehrgeiz, Neid, „tote Punkte" und Stress. Wie kann mentales Intuitions-Training diese beruflichen Alltagsprobleme lösen helfen?

Ehrgeiz

Wann zahlt sich Ehrgeiz aus? Ohne Ehrgeiz geht gar nichts. Man entwickelt sich nicht weiter, lernt nichts dazu, findet keine Lösungen. Doch zu viel davon schadet: Wer stets perfekt sein will, steht sich selber im Weg.

Ehrgeiz hat nicht zwangsweise mit Konkurrenz zu tun. Man kann auch ganz für sich alleine ehrgeizig sein, ohne dabei auf die Anerkennung anderer zu schielen. Zum Beispiel dann, wenn man eine Sache möglichst gut machen will, dazulernen möchte oder dabei ist, eine Lösung für etwas zu finden. Man bemüht sich vielleicht, endlich ohne Hilfe einen Autoreifen zu wechseln oder eine Lampe anzubringen. Oder man besorgt sich jede Menge Bücher, um einer Frage auf den Grund zu gehen, und forscht so lange nach, bis man die Antwort gefunden hat. Hat man etwas, was man unbedingt erreichen wollte, geschafft, freut man sich – man ist ein Stück vorangekommen! Ehrgeiz ist der Motor der Weiterentwicklung. Eine gesunde Portion Ehrgeiz hilft uns, ein ganzes Stück weiterzugehen von dort, wo wir uns gerade befinden.

Ehrgeiz hat auch seine Schattenseiten, zum Beispiel dann, wenn er zum Perfektionismus wird. Perfektionisten sind mit ihren Leistungen nie richtig zufrieden. Sie stecken ihr Ziel so hoch, dass es für sie unerreichbar wird. Alles, was sie tun, sollte hundertprozentig sein. Sie gestatten sich keine Fehler und keine Schwächen. Oft sind sie alleine deshalb nicht in der Lage, eine Arbeit abzuschließen. Sie finden immer wieder etwas, was in ihren Augen noch verbessert werden kann. Fast zwanghaft treiben sie sich zu Höchstleistungen und sind am Boden zerstört, wenn der gewünschte Erfolg ausbleibt. Stärker als bei anderen Menschen hängt ihr Selbstwertgefühl von den Leistungen ab, die sie erbringen.

Aber auch Nichtperfektionisten können es mit Ehrgeiz übertreiben. Dann nämlich, wenn es gar nicht um die Sache geht, sondern nur darum, der Beste zu sein, weil man es nur schwer ertragen kann, dass ein anderer schneller oder besser ist. Bei allem Ehrgeiz – wer glaubt, rücksichtslos über andere hinwegtrampeln zu können, nur weil er um jeden Preis die Nase vorn haben will, steht sich schnell selbst im Weg.

Neid

Neid ist ein ehrliches Kompliment. Nehmen Sie dieses Kompliment gerne als solches an, aber gehen Sie auf die Ebene der Liebe und der Lösung: Helfen Sie dem anderen, seinen Platz zu finden und einzunehmen.

Tote Punkte

Rechnen Sie mit „toten Punkten" und machen Sie sich diese zunutze! Was ist, wenn Ihnen die Luft ausgeht, noch bevor Sie Ihr Ziel erreicht haben? Es kann sein, dass Sie trotz aller Bemühungen feststellen, dass es eher rückwärts als vorwärts geht. Halten Sie sich immer wieder vor Augen, dass gerade die großen Ziele selten in einem einzigen Zug erreicht werden können. Ob man einen Berg besteigt, eine Fremdsprache erlernt oder eine neue Aufgabe meistert, es folgt immer einmal wieder der Augenblick, in dem man ohne ersichtlichen Grund zum Stillstand kommt oder vor einer Mauer zu stehen scheint.

Dieser Punkt ist äußerst kritisch, weil wir anfangen, uns plötzlich unserer Aufgabe nicht mehr gewachsen zu fühlen. Ein kluger Mensch rechnet von vornherein mit diesen toten Punkten und erkennt ihre Wichtigkeit. Er verhält sich ähnlich wie ein Bergsteiger, der Schritt für Schritt einen hohen Gipfel erkämpft. Hatten Sie schon einmal Gelegenheit, einen Alpinisten zu beobachten? Dann haben Sie bemerken können, dass er nie gerade nach oben steigt. Er nimmt sich eine Felsplatte oder einen kleinen Vorsprung zum Ziel, und wenn er diesen Punkt erreicht hat, ruht er sich eine Weile aus. Während dieser Ruhepause orientiert er sich, wo er sich im Verhältnis zu seinem endgültigen Ziel befindet, und macht sich dann auf den Weg zu dem nächsten Vorsprung oder der nächsten Felsplatte in Sichtweite. Oft wird er dabei die entgegengesetzte Richtung einschlagen oder sogar ein Stück abwärts steigen, um einem Hindernis auszuweichen. Aber auch in solchen Augenblicken behält er sein Ziel im Auge. Dieser Vergleich enthält gute Grundsätze, die wir für unser Leben übernehmen können: Wenn die Anstrengung einer großen Leistung unsere Energie aufgezehrt hat, können wir diese „Felsvorsprünge" als Verschnaufpause nutzen, zurückblicken und uns daraufhin neu orientieren.

Stress

Zu wenig Stress erzeugt Passivität, weil man dann das Problem als irrelevant fallen lässt. Mittlerer Stress ist insofern ideal, als er genügend Motivation freisetzt, sich zielstrebig und auch hartnäckig mit dem Problem auseinanderzusetzen, ohne dabei in den Fehler zu verfallen, der dann zu beobachten ist, wenn der Stress als zu hoch erlebt wird (nämlich Überaktivierung und damit Verdrängungs- und Vermeidungsverhalten). Bei zu hohem Stress sinkt die Wahrscheinlichkeit, eine gute Lösung zu finden.

Da Stress subjektiv empfunden wird und die Stressoren durch die turbulente Außenwelt zunehmen, sollte der neue Manager die Fähigkeit erlernen, sich geistig zu konditionieren, um nicht in das Feld des heißen Stresses hineinzurutschen.

Mit diesem Test können Sie feststellen, wie anfällig Sie für Stress sind: Beantworten Sie jede der Fragen mit ja, gelegentlich oder nein. Seien Sie ganz ehrlich zu sich selbst.

1. *Sind Sie leicht reizbar?* ○ ○ ○
2. *Nehmen Sie alles sehr genau?* ○ ○ ○
3. *Sind Sie überempfindlich?* ○ ○ ○
4. *Sind Sie mit Ihrer jetzigen Situation zufrieden?* ○ ○ ○
5. *Wollen Sie beruflich noch mehr erreichen?* ○ ○ ○
6. *Sind Sie manchmal missgünstig?* ○ ○ ○
7. *Verlieren Sie öfter schnell die Geduld?* ○ ○ ○
8. *Haben Sie oft Angst?* ○ ○ ○
9. *Können Sie sich nur schwer entscheiden?* ○ ○ ○
10. *Leiden Sie unter Eifersucht?* ○ ○ ○
11. *Fühlen Sie sich am Arbeitsplatz unentbehrlich?* ○ ○ ○

12. *Fühlen Sie sich in Gegenwart mancher Personen unsicher?* ○ ○ ○
13. *Haben Sie Minderwertigkeitsgefühle?* ○ ○ ○
14. *Leiden Sie unter Zeitdruck?* ○ ○ ○
15. *Machen Sie sich über alles Sorgen?* ○ ○ ○
16. *Fällt es Ihnen schwer, sich an Kleinigkeiten zu freuen?* ○ ○ ○
17. *Sind Sie der Welt gegenüber misstrauisch?* ○ ○ ○
18. *Sind Sie ein mäßiger Raucher (5 bis 10 Zigaretten täglich)?* ○ ○ ○
19. *Sind Sie ein starker Raucher (20 oder mehr Zigaretten täglich)?* ○ ○ ○
20. *Leiden Sie unter Schlafstörungen?* ○ ○ ○
21. *Haben Sie morgens Schwierigkeiten aufzustehen?* ○ ○ ○
22. *Sind Sie wetterfühlig?* ○ ○ ○
23. *Haben Sie auch im Ruhezustand einen erhöhten Puls mit mehr als 85 Herzschlägen pro Minute?* ○ ○ ○
24. *Liegt Ihr Körpergewicht deutlich über dem Normalgewicht?* ○ ○ ○

   (Berechnung des BMI [Body Mass Index]: Körpergewicht in Kilo geteilt durch Körpergröße in Meter zum Quadrat. Normalwerte: Männer BMI = 20–25; Frauen BMI = 19–24. Genaueres finden Sie im Internet.)

25. *Haben Sie das Gefühl, dass Sie sich nicht genug bewegen?* ○ ○ ○
26. *Leiden Sie unter Herzschmerzen?* ○ ○ ○
27. *Haben Sie öfter Kopfschmerzen?* ○ ○ ○
28. *Leiden Sie unter Magenbeschwerden?* ○ ○ ○
29. *Sind Sie empfindlich Geräuschen gegenüber?* ○ ○ ○
30. *Haben Sie bei Aufregung feuchte Hände?* ○ ○ ○

Für ein „Ja" gibt es 2 Punkte, für ein „Gelegentlich" einen Punkt und für ein „Nein" gibt es keinen Punkt. Addieren Sie die Zahl der Punkte!

Auswertung:
   0–5 Punkte:
   Ihr Organismus ist stabil. Sie werden vom Stress kaum negativ beeinflusst.

6–11 Punkte:
Stress macht Ihnen manchmal zu schaffen. Sie können jedoch mit einigem Bemühen die schwachen Stellen stärken und damit Gefahren abwenden.

12–17 Punkte:
Stress beeinflusst Sie in manchen Bereichen ungünstig. Durch intensive Arbeit an sich selbst können Sie dem jedoch entgegenwirken.

18–25 Punkte:
Sie sind gestresst und sollten unbedingt etwas dagegen tun. Außer der Selbsthilfe sollten Sie sich einem Arzt anvertrauen.

26 und mehr Punkte:
Ihre Gesundheit ist ernsthaft vom Stress bedroht. Um Ihren Organismus nicht noch weiter zu ruinieren, sollten Sie Ihren Lebensstil sofort und konsequent ändern! Ein Arzt und eventuell ein Therapeut können Ihnen sehr hilfreich dabei sein!

Anti-Stress-Hilfe und autogenes Training

Die Erfahrungen eines Unternehmers: „Ich praktiziere das autogene Training seit 14 Jahren. Morgens nach dem Aufstehen übe ich etwa zehn Minuten lang. Ich hatte mich damals entschlossen, eine eigene Firma zu gründen. Ohne das Training hätte ich weder die Anfangsschwierigkeiten noch die Krisen in der Folgezeit durchgestanden. Zum einen habe ich durch das autogene Training langfristig zu denken gelernt; unerwartete Ereignisse verändern mich nicht mehr. Zum anderen hat es das sichere Gefühl geweckt, dass da noch mehr Kräfte sind, die gewinnen können. Ein Beispiel: Früher setzte ich mich unter Druck: ‚Du solltest unbedingt den Kunden überzeugen, denn du brauchst den Auftrag‘, heute fühle ich mich in einem besonderen Zustand von Gleichgültigkeit. Sieg und Niederlage sind für mich gleichermaßen gültig. Ich glaube, dass diese Gelassenheit meine Überzeugungskraft ausmacht. Bewährt hat sich das autogene Training auch bei längeren Autofahrten. Nach etwa zwei Stunden lege ich eine Trainingspause ein. Der Erholungseffekt ist verblüffend."

Viele Menschen geraten unter Stress, weil sie nicht sensibel genug sind, belastende Situationen zu erkennen und eine Standortbestimmung vorzunehmen. Das autogene Training schärft die Sinne des Menschen für seine körperlichen wie seelischen Möglichkeiten. Die Gefahr einer Überbelastung wird geringer.

Da der Mensch seine Konflikte nicht wie vor Jahrmillionen durch Kampf oder Davonlaufen lösen kann und ihm im Falle seelischer Anspannung verstärkte Muskelkraft wenig nützt, muss er die Energiemobilisierung anders bewältigen – zu seinem eigenen Schaden. Statt den Chef anzugreifen, ärgert er sich, statt einfach abzuhauen, erwartet er ängstlich den Feierabend. Der Organismus wandelt die ungenutzten Brennstoffe in Cholesterin um und lagert sie in die Gefäßwände ein, der Hormonhaushalt und damit das vegetative Gleichgewicht geraten aus dem Lot. Auf Dauer kennt der strapazierte Körper keine andere unwillkürliche Kompensation von Stress als Krankheit. Bluthochdruck, Magengeschwüre, Rheuma und Krebs sind die Folge. Alle Gegebenheiten, die einen Menschen im Laufe seines Lebens seelisch belasten, also alles, was ihn stresst, macht das Altern aus. Jede Anspannung, die aus Frustration oder Misserfolg resultiert, hinterlässt im Organismus Narben, die nicht mehr beseitigt werden können. Inzwischen gilt Stress als generelle, unspezifische und im Zweifel krankmachende Fehlsteuerung im menschlichen Leib.

Es wurde und wird viel Stressforschung betrieben, doch sie enthält auch sozialpolitischen Sprengstoff und verheißt der Menschheit wenig Gutes. Gezielte Untersuchungen in Unternehmen decken nämlich auf, dass die Arbeitsverhältnisse vielerorts noch stark verbesserungsbedürftig sind.

Stressforschung wird von Wissenschaftlern ganz unterschiedlicher Fachrichtungen betrieben; da läuft wenig zusammen. Ärzte konzentrieren sich auf die somatischen Risikofaktoren, soziale Belastungsmomente berücksichtigen sie selten. Psychologen beschreiben Persönlichkeitstypen, die für Stress besonders anfällig sind, Stresssituationen in den Unternehmen sogar selbst heraufbeschwören; medizinische Fragestellungen sind ihnen eher fremd. Industriesoziologen wiederum beschäftigen sich mit einer „Verschleißformel", die prognostizieren soll, wie lange jemand bestimmte Stressoren am Arbeitsplatz ertragen kann, usw.. Dann gibt es Forscher, die das gesamte Lebensschicksal als Krankheitsursache einbeziehen, sie interessieren sich für Ereignisse, die den Stressleiden vorangegangen sind, etwa den Verlust des Arbeitsplatzes.

Geht die Stressforschung von einem nützlichen und einem schädlichen Stress aus, so findet man doch heraus, dass ein Leben ganz ohne Stress völlig undenkbar und außerdem gar nicht wünschenswert sei. Mittlerweile scheinen die Experten dem Phänomen nur noch negative Seiten abgewinnen zu können. Die Wirkungen von Dauerstress, die nicht nur Hilfsarbeiter, sondern auch relativ ungefährdete Topmanager ereilen können, beschreiben sie als Burn-out-Syndrom, als einen anhaltenden Zustand geistiger, physischer und emotionaler Erschöpfung. Stress sagt uns auch, dass unsere Leitbilder verkehrt sind. Stressforschung sollte zu neuem Leben, zu Umkehr und Besinnung führen.

Der Denkwandel hat begonnen – zaghaft zwar, aber deutlich erkennbar. Vor allem Führungskräfte überlegen immer häufiger, wie sie ihre Belastbarkeit erhöhen oder unangenehmen Arbeitsverhältnissen entkommen können. Das bedeutet zum einen die Stärkung der Widerstandskraft gegen den Stress, der unvermeidbar ist, und zum anderen den Abbau des Stresses, der vermieden werden kann.

Geeignet für den Stressabbau ist alles, was der körperlichen Ertüchtigung und der inneren Sammlung dient: sämtliche Ausdauersportarten, autogenes Training, Meditation, Yoga, Atemgymnastik, Musiktherapie,… . Auch gilt es, eingeschliffene Verhaltensweisen und schädliche Lebensprinzipien, die chronisch zu emotionalen Erregungszuständen führen, zu bekämpfen.

Erste Strategie: körperliche Anstrengung
Jede physische Betätigung baut Stress ab. Besonders Spiele, bei denen wie beim Tennis oder Squash auf Bälle eingeschlagen wird, befreien von innerer Verkrampfung. Der tägliche Dauerlauf ist besonders wirksam: Lockerer Trab ist die natürlichste Ausdauersportart,

und weil der Mensch sich früher als Läufer und nicht als Fußgänger oder in einem Auto sitzend fortbewegt hat, wird ein verkümmerter Instinkt so neu belebt. Läufer, die jeden Tag ihren Puls etwa zehn Minuten auf 130 hochtreiben, entwickeln einen guten Schutz vor akuten Kreislaufproblemen und sind auch sonst nicht so leicht aus der Ruhe zu bringen.

Laufen kann aber auch zu einem meditativen Trancezustand führen, wenn man dabei den Kreislauf nicht überfordert, nicht mehr Schritt für Schritt läuft, sondern EINS mit dem LAUFEN ist, sich aus einem inneren Antrieb „laufen lässt": Ich laufe nicht, sondern es läuft. Hier wird die Körperübung des Laufens selbst zur Trance.

Zweite Strategie: meditative Entspannung

Da wird der umgekehrte Weg eingeschlagen: Der Trainierende bewegt sich nicht, er sitzt still da und horcht in sich hinein. Darunter versteht man in erster Linie aus dem Osten (Indien, Tibet, China, Japan) kommende Meditationsformen. Die für den Europäer praktikabelste meditative Entspannungstechnik ist das autogene Training.

Das autogene Training wurde von dem Berliner Nervenarzt Johannes Heinrich Schultz als Selbsthypnosetechnik entwickelt. Die Unterstufe des autogenen Trainings besteht aus sechs knappen Sprachformeln, die in einer bestimmten Sitzhaltung (Droschkenkutscherhaltung) stets gleichbleibend gedacht oder gesprochen werden. Bei der Konzentration auf diese Formeln stellt sich der Hypnosezustand des eingeengten Bewusstseins ein: Die Muskeln sind entkrampft, die Atmung wird gleichmäßig, der Blutdruck sinkt, der Trainierende denkt nicht mehr, sondern erlebt ein angenehmes Körpergefühl.

Nach etwa dreimonatigem Üben von täglich zehn Minuten kann der AT-Praktikant diesen Versenkungszustand jederzeit erreichen. In diesem Stadium ist es ihm auch möglich, sich durch formelhafte Vorsatzbildung gezielt selbst zu beeinflussen. Wer das kann, ist reif für die Übungen der Oberstufe. Der Fortgeschrittene soll zur Selbstschau und zur Auseinandersetzung mit leiblich-seelischen Problemen vordringen. Damit nähert sich das AT in Methode und Wirkung den fernöstlichen Meditationstechniken. Dem Anfänger ist es durchaus möglich, das AT nach einer Trainingsfibel zu erlernen. Doch meist ist es besser, jemanden zu Rate zu ziehen, der das AT erlernt hat und entsprechend Hilfestellung geben kann.

Dritte Strategie: Methodische Zeitplanung
Sie ist eine Begleitmaßnahme und soll dazu beitragen, dass die durch körperliche Anstrengung und meditative Entspannung erworbene Stressstabilität auch effektiv im Berufsalltag umgesetzt wird.

Zeitdruck ist für Führungskräfte fast aller Ebenen, für Vorarbeiter wie für Bereichsleiter, neben dem Rollenkonflikt (sie sind zugleich Vorgesetzte und Untergebene) der Hauptstressor. Nicht selten führt dies in einen Teufelskreis: Wer unter Druck steht, verkrampft bei der Arbeit und gerät noch mehr in Schwierigkeiten. Eine methodische Zeitplanung, mit der die Prioritäten richtig gesetzt und zweitrangige Aufgaben delegiert werden können, schafft Raum für schöpferische Pausen, für Ruhephasen auch am Arbeitsplatz. Sie garantiert, dass der Stresspegel auch tatsächlich auf normalem Niveau bleibt. Falls Sie Ihr Zeitmanagement noch verbessern können: In vielen Magazinen werden Seminare zu persönlichen Arbeitstechniken angeboten, auf denen die Methoden der Zeitplanung vermittelt werden.

Es gibt auch guten Stress
Ganz ohne Stress können wir also nicht leben. Wenn man weiß, dass Stress eine unspezifische Antwort des Körpers auf eine Anforderung ist, kann man ihn besser verstehen. Stress ist also der Zustand, in dem wir uns befinden, nicht die Ursachen (= Stressoren), die ihn auslösen. Auf alle Stressoren reagiert der Körper gänzlich gleich, nämlich mit einem Drei-Stufen-Mechanismus:

1. *Alarmreaktion.* Sie ist die unmittelbare Antwort und mobilisiert die Energiereserven des Körpers, bereitet ihn auf Kampf oder Flucht (Muskelarbeit) vor. Die Nebennieren schütten vermehrt das Stresshormon Adrenalin aus, dadurch erhöht sich der Blutfettspiegel. In der Vorzeit war diese Art von Stress eine ungemein sinnvolle Reaktion. Nur so konnte der Mensch sich wehren oder flüchten – und nach dieser körperlichen Anstrengung normalisierten sich

sowohl Herzschlag, Blutdruck, Blutfette als auch der Adrenalin-
ausstoß. Wer sich heute jedoch bei seiner Arbeit ärgert, kann nicht
davonlaufen.

2. *Widerstands- oder Abwehrreaktion.* Sie wird ausgelöst, wenn der
Stress nicht über kurze Zeit, sondern für Tage und Wochen ein-
wirkt. Charakteristisch ist eine enorme Verstärkung der Wider-
standskräfte und eine weitere Mobilisierung von Energiereserven.

3. *Das Stadium der Erschöpfung.* Sie bedeutet das Ende: Der Orga-
nismus hat sich völlig verausgabt, weil der Stress angehalten hat.
Wird nicht spätestens jetzt etwas dagegen getan, dann wird der
Mensch krank und stirbt schließlich.

Tipps und Übungen

Erleben Sie ungünstige Situationen auf mentalem Wege neu!

Wir haben nun viel darüber erfahren, wie effektiv wir unsere geistigen Kräfte einsetzen können und welch große Wirkung unsere täglichen Gedanken auf unser Leben haben. Wenn wir uns mit positiven Dingen befassen, ziehen wir positive Ereignisse in unser Leben, und wenn wir zu viele negative Gedanken hegen, wird zuverlässig Negatives geschehen.

Nun kommt es natürlich immer wieder vor, dass unser Tag nicht so optimal verläuft, wie wir das gerne hätten. Hin und wieder stellen wir fest, dass wir in einer Situation ungünstig reagiert oder einen Fehler gemacht haben. Oder wir machen eine andere unangenehme Erfahrung, die uns auf irgendeine Weise schwächt. Da unser Unterbewusstsein zwischen Realität und einer lebendigen Vorstellung nicht unterscheiden kann, sollten wir in diesem Falle sofort die Konsequenzen daraus ziehen und das Erlebte berichtigen. Wir können dabei zwar die Handlung an sich nicht ungeschehen machen, aber wir können die Folgen dieser Handlung weitgehend korrigieren, wenn wir die Situation mental neu erleben und unsere zukünftige Handlungsweise dadurch beeinflussen.

Wenn Sie also einmal erkennen, dass Ihr Verhalten nicht richtig war, oder wenn Sie etwas Unangenehmes erlebt haben, versetzen Sie sich noch einmal in die gleiche Situation und erleben Sie jetzt, wie Sie die Situation optimal meistern oder wie alles ganz von alleine optimal läuft. Ihr Unterbewusstsein wird diese Imagination als Erfahrung speichern und somit das erwünschte Verhalten annehmen. Gehen Sie beim diesem mentalen „Umerleben" ebenfalls in das Gefühl der Zufriedenheit. Seien Sie glücklich darüber, richtig gehandelt zu haben.

Auf diese Weise schaffen Sie es, Ihr Unterbewusstsein zusätzlich zu beeindrucken.

Situationen mental neu zu erleben ist eine äußerst wirkungsvolle Technik. Sie tun sich einen großen Gefallen damit, wenn Sie sich jeden Abend kurz vor dem Einschlafen einen Moment Zeit für eine Art Tagesrückschau nehmen, um die Geschehnisse des Tages noch einmal zu überprüfen. Ist der Tag zu Ihrer besten Zufriedenheit verlaufen? Haben Sie in allen Dingen ein gutes Gefühl? Gibt es etwas, was in Ihren Augen positiver hätte laufen können? Erleben Sie es einfach um. Durch diese Technik gelingt es Ihnen immer schneller, sich in die Richtung Ihrer idealen Vorstellung zu entwickeln.

Ursachen finden und Ursachen setzen

In den vorhergehenden Kapiteln haben wir viel über unsere Überzeugungen und die Bedeutung unserer gesetzten Ursachen gesprochen. Lassen Sie uns diese Gedanken noch einmal aufnehmen. Was ist das eigentlich, eine *Ursache*?

Eine Ursache ist etwas, was eine Erscheinung, einen Zustand oder eine Handlung bewirkt. Die Ursache besteht aus zwei Komponenten: aus ihrer Gedankenform und dem praktischen Säen. Dabei ist die Gedankenform das Saatgut und das Säen der Auslöser des persönlichen Handelns.

Eine Gedankenform besteht aus drei Teilen: dem Wort (der Information für den Verstand), dem Bild (der Information für das Unterbewusstsein) und dem Gefühl (der Information für die Kraft der Verwirklichung). Jede gesäte Ursache verwirklicht sich im gleichen Augenblick. Auch hier ist es wie mit dem Saatgut auf dem Acker und der späteren Ernte: Es ist bereits geschehen, braucht jedoch noch seine Zeit, um im Außen in Erscheinung zu treten. Die Saat bestimmt die Ernte. So können wir säen, was wir wollen, doch wir ernten stets, was wir gesät haben.

Die folgende Übung bringt Ihnen nicht nur ein großes Maß an Klarheit, mit Sicherheit haben Sie auch Spaß daran.

Erster Schritt: Schreiben Sie zehn Punkte auf, die Sie bei sich oder bei anderen stören – Dinge, Situationen, Umstände oder ungeliebte Eigenschaften.

1. _____   6. _____

2. _____   7. _____

3. _____   8. _____

4. _____   9. _____

5. _____   10. _____

Zweiter Schritt: Kreisen Sie nun die fünf Punkte ein, die Ihnen am wichtigsten erscheinen, und formulieren Sie dann auf einem separaten Blatt in *positiven* Worten, was Sie wollen. Je schwieriger es scheint, eine positive Aussage zu finden, desto wichtiger ist sie für Sie. Insbesondere gilt das bei negativen Überzeugungen.

1. _____

2. _____

3. _____

4. _____

5. _____

Beispiele:
  Ich mache zu wenig Sport – wird umgesetzt in: *Bewegung ist gesund und macht mir Freude.* Oder: *Ich weiß nicht, wie ich mich in der Sache ... verhalten soll* – wird umgesetzt in: *Ich bin voller Selbstvertrauen und treffe die richtige Entscheidung.*

Dritter Schritt: Sobald Sie Ihre alten, negativen Sätze durch neue, positive ersetzt haben, zerreißen oder verbrennen Sie das Blatt Papier mit den alten Sätzen. Trennen Sie sich ganz bewusst von ihnen. Notieren Sie Ihre neuen Sätze und bewahren Sie diese an einem für Sie besonderen Platz auf.

Jemand hat einmal gesagt, dass mit durchschnittlicher Begabung und überdurchschnittlicher Beharrlichkeit alles erreichbar ist.

Wenn Sie also wieder einmal in dem routinemäßigen Berufsalltag zu versinken glauben und daran zweifeln, ob sich all die zusätzliche Arbeit lohnt, dann dürfen Sie auf keinen Fall nur Ihr augenblickliches Gehalt berücksichtigen. In diesem Fall ist die Antwort ganz bestimmt eine andere. Denken Sie im Gegenteil an alles, was Sie zu erreichen suchen, dann ist die Antwort sicher ein Ja. Da jedoch der Weg zum Ziel aus hunderten kleinen täglichen Abschnitten zusammengesetzt ist, sollten Sie eine Regel immer beachten:

Bemühen Sie sich,
die tagtägliche Trägheit zu überwinden!

Streichen Sie Ärger komplett aus Ihrem Leben!

Es gibt nur ganz wenige Menschen, die sich nie ärgern, aber es gibt sie und das beweist, dass es möglich ist, ohne Ärger zu leben. Wir beobachten die verschiedensten Arten, mit Ärger umzugehen. Manche Menschen bekommen einen hochroten Kopf, andere beißen sich auf die Lippen, haben den Wunsch, etwas zu zerstören oder Türen knallen zu lassen, halten sich dann aber doch zurück und sagen vielleicht gar nichts. Wieder andere werden verletzend oder machen ihrem Ärger durch laute Worte Luft. Dabei fragen sie nicht mehr danach, ob sie damit den anderen verletzen. Unrecht sollte jedoch nicht mit Unrecht beantwortet werden, zumal wir dieses Unrecht – wenn wir es näher betrachten – ja eigentlich selbst *verursacht* haben. Wir sollten uns auch von dem Gedanken trennen, dass wir uns ärgern *müssen*. Ärger bringt uns immer nur viele Nachteile. Außerdem ist Ärger auch immer ein Resultat einer schlechten Gefühlskontrolle. Und schon allein deswegen sollten wir uns nicht mehr darauf einlassen.

Auch die Lebenskraft wird durch den Ärger stark belastet. Der Blutdruck steigt, Krankheiten werden geradezu herausgefordert: Kopfschmerzen, Müdigkeit und Magengeschwüre, aber auch schlechter Schlaf und schlechte Laune sind Folgen von Ärger. Im Grunde genommen kann es sich niemand leisten, sich zu ärgern.

Der Anlass des Ärgers ist meist von geringerer Bedeutung als die Art, wie der einzelne Mensch auf bestimmte Ärgernisse reagiert. Es kommt darauf an, wie man ein Ereignis einschätzt, wie wichtig man eine Sache oder Angelegenheit nimmt und wie man damit umzugehen gedenkt. Ärger hängt also mehr von unserer Einstellung ab und weniger von den äußeren Umständen.

Je intensiver und häufiger Ärger erlebt wird, desto schlechter wird der Gesundheitszustand. Während kleiner Ärger sich stärker auf das momentane Befinden auswirkt, haben die großen Ärgernisse langfristige Folgen für die Gesundheit.

Es ist fast gleichgültig, worüber ein Mensch sich ärgert, denn immer geht es zu Lasten der Gesundheit. Darum überprüfen Sie am besten, in welchen Situationen Sie sich gelegentlich ärgern. Man ärgert sich gerne über Probleme, unpassende Umstände, Wartezeiten,... und manchmal auch über sich selbst. Denken Sie daran – keiner von uns kann sich Ärger leisten!

Wie Sie Ärger leicht umgehen

Ärger können wir am leichtesten vermeiden, wenn wir uns bewusst machen, dass wir aus jeder Situation etwas lernen oder einen Gewinn ziehen können. Auf diese Weise fällt es uns einfacher, eine Situation zu akzeptieren oder aber zu ändern. Nachfolgend finden Sie einige Sichtweisen, mit denen Sie Ihren Ärger schnell wieder loswerden.

a) *Sie nehmen jeden Menschen so an, wie er ist, und überlassen es ihm, ob und wann er sich ändern will.*

b) *Sie lassen alle Ihre Erwartungen los und gestatten dem Leben/der Situation so zu sein, wie es/sie eben ist.* Solange Sie irgendwelche Erwartungen haben, erleben Sie zwangsläufig immer wieder Enttäuschungen und verzichten auf viele Geschenke des Lebens. (Denn wenn das Erwartete eintrifft, sind Sie nicht besonders glücklich, weil Sie es schließlich erwartet haben. Kommt es anders, ärgern Sie sich.)

c) *Sie erkennen, dass nichts und niemand auf der Welt die Macht hat, Sie zu ärgern!* Nur Sie können sich ärgern, wenn Sie wollen. Sie können sich über alles und jeden ärgern – und alleine Sie können sich dafür entscheiden, dass Sie es fortan einfach lassen.

d) *Fragen Sie sich, ob Ihnen diese Situation irgendetwas mitteilen kann. Gibt es eine Botschaft, die dahinter steckt, aus der Sie einen Nutzen ziehen können?*

Doch nicht nur Ärger sollten wir loslassen, sondern auch Angst, Sorge, Hass, Stress, Aufregung, Wut, Schuldgefühle, Selbstmitleid und Zweifel. Vielleicht kommt Ihnen jetzt beim Lesen der Gedanke, dass es im Leben ja nicht immer ganz so einfach ist und wir Autoren es uns hier mit dieser Einstellung (sich einfach nicht mehr zu ärgern) ziemlich leicht machen. Genau das ist es! Sie haben damit vollkommen recht, wir machen es uns tatsächlich leicht und möchten Sie dazu ermuntern, es genauso zu tun! Machen Sie es sich leicht! Niemand auf dieser Welt kann Sie nämlich daran hindern, dass Sie es sich leicht machen. Ihr Leben wird dadurch um Klassen schöner.

Menschen, die öfter in sich gehen,
sind ganz selten außer sich.

Leben heißt lernen

Im Grunde genommen können wir gar nicht anders, als ein Leben lang zu lernen und an uns zu arbeiten. Tun wir es nicht, wird an uns gearbeitet. Es bleibt uns also nur die Wahl, wie wir lernen wollen: Wir können sowohl den königlichen Weg wählen (freiwilliges Lernen durch Erkenntnis) oder wir nehmen gezwungenermaßen den sonst üblichen Weg (über das Leid). Schicksal ist der beste Therapeut, es heilt jeden. Jeder entscheidet für sich, auf welchem Weg es geschieht.

Oft sind es scheinbar Kleinigkeiten, die es zu lernen gilt: Pünktlichkeit, Zuverlässigkeit, Konzentration oder Disziplin, vor allem aber Ehrlichkeit und besonders Ehrlichkeit vor sich selbst. Wer erkannt hat, wo er steht und wo er hin will, wer seine Hindernisse und Blockaden erkannt und beseitigt hat, wer seine Kräfte optimal einsetzt und seine Möglichkeiten ausschöpft, erreicht seine Ziele schnell und zuverlässig.

Wie schon an anderer Stelle erwähnt, gelingt es uns durch die Kontrolle unserer Gedanken, diese in die Tat umzusetzen. Mit einer gesunden Portion Disziplin werden wir Herr unseres Schicksals.

Erfolgsaura und Vorausimagination

Schaffen Sie sich eine Erfolgsaura! Dies ist eine kleine Übung mit einer sehr großen Wirkung! Atmen Sie langsam ein und aus und stellen Sie sich dabei eine Sonne oder ein helles Licht unmittelbar über Ihrem Kopf vor. Stellen Sie sich beim Ausatmen vor, wie dieses Licht auf Sie herunterkommt, in Sie eindringt und so erfüllt, dass jede einzelne Zelle Ihres Körpers mit Licht durchflutet wird. Lassen Sie dieses Licht auch an Ihrer Wirbelsäule entlanggleiten. Spüren Sie, wie dieses Licht sich in Ihrem Herz mit dem Licht Ihres Bewusstseins verbindet.

Nachdem Sie Ihre Erfolgsaura hergestellt haben, stellen Sie sich die vor Ihnen liegende Situation in allen Details vor und erleben Sie, wie Sie diese Situation meistern.

Damit gewinnen Sie die Mitarbeit anderer. Bevor Sie mit den anderen sprechen, versetzen Sie sich in Ihre Erfolgsaura, erheben Ihr Bewusstsein und stellen sich vor, wie alles positiv verläuft. Sehen Sie dabei, wie Sie den anderen in den Arm nehmen und ihm freundschaftlich erklären, warum Sie seine Mitarbeit brauchen, und sehen Sie auch, wie er zustimmt. Dann treten Sie dem Menschen gegenüber und unterhalten Sie sich ganz normal mit ihm. Gedanklich können Sie ihn während des Gesprächs immer mal wieder in den Arm nehmen, während Sie äußerlich ganz normal weitersprechen. Wenn Sie alles richtig gemacht haben, werden Sie seine Zustimmung erhalten.

Erfolgreich Verhandlungen und Gespräche führen

1. Bringen Sie sich in Harmonie, am besten zu einem Zeitpunkt, bei dem Sie noch alleine sind.

2. Schaffen Sie sich schon im Voraus durch mentale Imagination eine Erfolgsaura.

3. Lassen Sie sich durch nichts provozieren – und vor allen Dingen: Ärgern Sie sich nicht! Achten Sie darauf, dass Sie weder aggressiv reden noch denken.

4. Achten Sie darauf, dass Sie nicht für sich alleine viel erreichen wollen, sondern streben Sie für alle Beteiligten einen Vorteil an. Handeln Sie im Bewusstsein und nehmen Sie sich vor, nur Gutes zu tun. Denn nur Recht schaffendes Handeln bringt Erfolg, ansonsten gibt es trotz Erfolg einen Rückschlag.

5. Verletzen Sie niemanden!

6. Lösen Sie Spannungen im Gespräch! Lenken Sie wohlwollendes Bewusstsein auf den anderen oder auf die Situation! Nehmen Sie den anderen bewusst wahr und gehen Sie auf ihn, seine Situation und seine Argumente ein.

7. Beziehen Sie alle Teilnehmer in Ihr Bewusstsein mit ein und schaffen Sie eine wohlwollende Atmosphäre! Wie hätten Sie sich gerne, wenn Sie Ihr Gegenüber wären?

8. Schalten Sie Ihre eigene Intuition ein und erkennen Sie, was der andere wirklich will, erkennen Sie, wie er ist und welche Erwartungen er hat!

9. Vertreten Sie die Interessen beider Seiten. Wenn Sie wirklich gut waren, sind alle zufrieden.

Übung macht den Meister. Die folgenden praktischen Ideen sind angenehme Möglichkeiten, etwas über Ihre eigenen Denkmuster und die Feinheiten Ihrer Intuition zu erfahren. In den meisten Fällen gibt der Mensch Antworten oder trifft Entscheidungen, ohne über ausreichend Zeit und Informationen zu verfügen, sie vernünftig zu begründen. Wenn Sie wollen, können Sie sich auch ein kleines Intuitionstagebuch zulegen und Ihre entsprechenden Erfahrungen darin festhalten. Hier zwei Übungen, wie Sie im Alltag Ihre Intuition trainieren können:

1. Üben Sie schnelles Entscheiden bei unwichtigen Angelegenheiten. Geben Sie sich zehn Sekunden Zeit, wenn Sie sich entscheiden, was Sie anziehen wollen, wenn Sie ein Essen bestellen, eine Fahrtroute wählen, ein Kino oder Restaurant auswählen, einen Gürtel oder ein Accessoire kaufen.

2. Üben Sie sich im Voraussagen, indem Sie sich an den ersten Gedanken halten, der Ihnen in den Sinn kommt. Sagen Sie voraus, wer der Anrufer ist, wenn das Telefon läutet, wie ein Fußballspiel ausgehen wird, wie die Schlagzeilen der Morgenpresse lauten werden, wie bestimmte Aktienkurse notieren werden, wie ein Kollege am nächsten Tag im Büro gekleidet sein wird, welche von zwei Warteschlangen vor dem Kassenschalter schneller vorankommen wird, was der Postbote am nächsten Morgen bringen wird, wer eine bestimmte Auszeichnung gewinnen wird.

Lösen Sie Probleme auf kreative Art und Weise! Kreative Menschen zeichnen sich dadurch aus, dass sie sehr schnell die üblichen Schritte zur Problemlösung durchlaufen, dass sie intuitive Erkenntnisse bereitwillig anerkennen und die logische Beurteilung zunächst einmal zurückstellen, um intuitive Einfälle nicht zu hemmen oder abzuwürgen.
Wir haben festgestellt, dass kreative Menschen außerordentlich intuitiv sind – und dass intuitive Menschen allgemein kreativ sind. Die

beiden Eigenschaften scheinen in sehr engem Zusammenhang zu stehen. Kreative Menschen scheinen eine eingebaute, offensichtlich unbeabsichtigte Fähigkeit zu haben, ihr kritisches Beurteilungsvermögen beiseitezuschieben, während ihre Intuition sie mit Einfällen bestürmt.

Erfolgscheckliste

– *Was erwarte ich noch vom Leben?*
– *Was bin ich bereit dafür zu tun? Was bin ich bereit zu verändern?*
– *Lebe ich als ein bewusster Gewinner?*
– *Besitze ich ein optimales Zeitmanagement? Lebe ich ständig danach?*
– *Bin ich bereit, jedes Vorhaben erfolgreich zu beenden?*
– *Lebe ich im Chancenbewusstsein?*
– *Auf welchem Gebiet bin ich ein Experte?*
– *Wie definiere ich meine Ziele?*
– *Was genau verstehe ich unter Erfolg?*
– *Mache ich auf andere Menschen einen optimalen ersten Eindruck?*
– *Wirke ich ständig sympathisch?*
– *Bin ich ein wohlwollender Mensch?*
– *Mag ich mich selbst?*
– *Bin ich ein idealer Vorgesetzter?*
– *Habe ich Charisma?*
– *Was mache ich heute besser als gestern?*
– *Was mache ich morgen besser als heute?*
– *Wie sieht mein optimales Selbstbild aus?*
– *Erkenne ich meine Verhaltensmuster?*
– *Wie kann ich meine Verhaltensmuster optimieren?*
– *Wie wirkt meine Stimme?*
– *Kann ich optimal telefonieren? Kann ich gute Vorträge halten?*
– *Bin ich ein bewusster Sender?*
– *Beherrsche ich die Kunst des Händeschüttelns?*
– *Gebe ich dem anderen das Gefühl, etwas ganz Besonderes zu sein?*
– *Ist meine Kritik stets konstruktiv?*

- *Mache ich das, was ich täglich tue, auch wirklich gerne?*
- *Führe und gestalte ich bewusst mein Leben?*
- *Nutze ich täglich die Kunst der Revision?*
- *Nutze ich täglich die natürliche Fähigkeit der Intuition?*
- *Glaube ich an die Macht der Gedanken und setze sie ein?*
- *Übe ich die Dinge, die mir noch Schwierigkeiten machen?*
- *Wie wünsche ich mir mein berufliches und privates Leben?*
- *Bin ich dabei, meine Wunschbiografie zu verwirklichen?*
- *Habe ich mir eine „innere Erfolgsformel" geschaffen?*
- *Gebe ich dem Leben die richtigen Anweisungen?*
- *Ärgere ich mich noch ab und zu?*
- *Habe ich eine optimale Einstellung zu Geld, Gesundheit und Erfolg?*
- *Lässt sich meine Einstellung in anderen Lebensbereichen optimieren?*
- *Bin ich fähig, gute Beziehungen herzustellen und zu leben?*
- *Bin ich ein idealer Partner?*
- *...*
- *...*

Die Leinwandtechnik

Sie haben nun ein konkretes Ziel vor Augen, welches Sie schnell und effektiv erreichen wollen? An dieser Stelle möchten wir Sie noch auf eine sehr wirkungsvolle Übung aufmerksam machen, die sogenannte Leinwandtechnik:

Setzen oder legen Sie sich ganz entspannt hin. Machen Sie sich zuerst noch einmal klar, was genau Sie erreichen wollen. Versuchen Sie anschließend, Ruhe in Ihre Gedanken zu bringen. Schließen Sie Ihre Augen und beobachten Sie Ihren Atem. Gehen Sie in Ihren Gedanken an einen schönen Ort, zum Beispiel auf eine bunte Wiese, an einen weißen Strand oder in ein schönes Gebäude. Es ist ganz egal, wo Sie sich befinden, es sollte nur ein Ort sein, an dem Sie sich sehr wohl und geborgen fühlen. Wenn Sie an Ihrem Platz angekommen sind, entdecken Sie eine große Leinwand, etwa wie im Kino, bevor der Film beginnt. Setzen oder legen Sie sich vor diese Leinwand und beobachten Sie:

Sehen Sie nun auf dieser Leinwand Stück für Stück ein lebendiges und detailliertes Bild dessen, was Sie erreichen wollen. Erleben Sie sich selbst auf dieser Leinwand! Halten Sie sich diese Bilder ganz lebendig und präzise vor Augen, bis sie zu einem kleinen Film werden. Erleben Sie in diesen Bildern oder in diesem Film, wie Ihnen z. B. jemand zur bestandenen Prüfung gratuliert, wie Sie in Ihr neues Haus einziehen, wie Sie die idealen Mitarbeiter in Ihrer Firma haben, wie Sie sich über die Umsatzzahlen am Ende des Jahres freuen etc. Gehen Sie nach Belieben auch in die Details. Erleben Sie diesen Film mit allen Sinnen, verinnerlichen Sie diese Bilder und nehmen Sie Ihren gewünschten Endzustand damit in Besitz.

Wenn Sie wollen, können Sie gleich anschließend noch weitere Ziele visualisieren. Wenn Sie fertig sind, schließen Sie die Übung einfach ab.

Gedanken und Anregungen für eine gewinnende Persönlichkeit

- *Die Absicht von heute ist die Wirklichkeit von morgen.*
- *Sie können das Drehbuch Ihres Lebens in jedem Augenblick ändern.*
- *Im Leben ist es wie auf der Straße: Mit dem richtigen Profil liegt man vorn.*
- *Alles beginnt mit dem ersten Schritt.*
- *Werden Sie Experte auf dem Gebiet, welches Ihnen am meisten Freude macht!*
- *Erst gewinnen – dann beginnen!*
- *Es gibt keinen Misserfolg, nur Chancen und Botschaften zum Besseren.*
- *Stehen Sie alles so lange durch, bis Sie erfolgreich sind!*
- *Wer etwas verändern will, sollte etwas ändern.*
- *Wovon man träumen kann, das kann man auch erreichen.*
- *Investieren Sie in sich selbst – damit steigern Sie Ihren Marktwert!*
- *Bevor Sie beginnen, das Richtige tun, lassen Sie das Falsche sein!*
- *Schaffen Sie sich eine Erfolgsdefinition und Zielklarheit!*
- *Loslassen gehört auf den Weg zum Erfolg.*
- *In jeder Schwierigkeit steckt eine Chance.*

- *Erkennen Sie Misserfolgsmechanismen und beseitigen Sie sie!*
- *Schaffen Sie sich eine innere Erfolgsformel!*
- *Lernen Sie Face-Reading, die Kunst, aus Gesichtern zu lesen!*
- *Wenn Sie etwas beginnen, achten Sie darauf, dass Sie es wirklich wollen!*
- *Nutzen Sie das Geheimnis des ersten Wortes!*
- *Schaffen Sie sich ein optimales Selbstbild!*
- *Optimieren Sie Ihre Einstellung zu Geld, Gesundheit und Erfolg!*
- *Optimieren Sie Ihre unbewussten Signale! (Lächeln, Stimme, Haltung, Laune, Energie, Kleidung, Gestik, unbewusste Überzeugungen, Aussehen...)*
- *Ziehen Sie Ihre Aufmerksamkeit von Problemen ab und richten Sie sie auf die Lösung!*
- *Machen Sie aus jedem Tag etwas ganz Besonderes!*
- *Lösen Sie Probleme auf, bevor sie in Erscheinung treten!*
- *Es gibt immer eine Lösung.*
- *Steigern Sie ständig Ihre Lebensqualität!*
- *Verwirklichen Sie sich Ihren Wunschtraum!*
- *Fehler sind nur dazu da, um aus ihnen zu lernen.*
- *Möglich oder unmöglich? Der Unterschied besteht in der Entschlossenheit.*
- *Liebenswürdigkeit ist ein Kapital mit höchstem Zinssatz.*
- *Praktizieren Sie heitere Gelassenheit!*
- *Stimmen Absicht und Ursache überein, ist der Erfolg garantiert.*
- *Es gibt keine Probleme, nur Aufgaben.*
- *Misserfolge sind Zwischenergebnisse auf dem Weg zum Erfolg.*
- *Freude ist ein Erfolgsfaktor.*
- *Gehen Sie ins Bewusstsein!*
- *Werden Sie vermögend – seien Sie jemand, der etwas vermag!*
- *...*

Mentale Meditationsübung

Machen Sie es sich ganz bequem. Setzen oder legen Sie sich – ganz wie Sie wollen. Es ist nur wichtig, dass Sie dabei Ihren Rücken gerade halten. Schließen Sie die Augen und seien Sie ganz bewusst hier.

Ich gestatte nun meinem Körper, vollkommen bewegungslos zu sein.
Ich lasse die Außenwelt los und sinke in mich hinein.
Ich konzentriere die Vielfalt meiner Gedanken auf einen Punkt,
lasse ihn los
und beobachte meinen Atem.
Dabei verändere ich nichts... ich beobachte einfach nur meinen
Atem.

Ich mache mir bewusst, wer ich wirklich bin.
Ich bin nicht der Körper.
Ich bin vollkommenes, unsterbliches Bewusstsein.
ich bin ein individualisierter Teil des einen großen Bewusstseins.
Ich bin.
Der Körper ist mein Werkzeug, das mir dient und gehorcht.

Während ich weiter meinen Atem beobachte,
lasse ich ihn behutsam tiefer werden.
Ich atme ruhig und gleichmäßig,

Ich sinke in meine Mitte,
in das Licht in mir, in das Licht meines wahren Selbst.
Ich gehe ganz hinein in das Licht
und werde eins mit meinem wahren Selbst.
Ich bin eins mit mir und der Welt und ruhe in meiner Mitte.

In dieser Einheit, mit meinem inneren Licht
lasse ich mein Bewusstsein ganz weit werden.
Ich erfülle den ganzen Raum mit Bewusstsein.

Nun erfülle ich mein Bewusstsein mit Wohlwollen.
In Gedanken nehme ich jeden Menschen an, wie er ist.
Ich öffne mein Herz und lasse meine Liebe fließen.
Ich erfülle mein ganzes Umfeld mit meiner Liebe, und je mehr
Liebe ich fließen lasse, desto mehr Liebe strömt in mich ein.
Ich erkenne, es ist eine Liebe, die in mir und durch mich wirkt.
Ich lebe ganz bewusst in der Geborgenheit der Liebe.
Ganz nah erkenne ich jetzt den Gipfel des Berges im Licht vor mir
und gehe ganz bewusst die letzten Schritte – hinein ins Licht.

Endlich bin ich auf dem Gipfel des Berges.
Im Licht angekommen, breite ich die Arme aus
und öffne mich ganz diesem strahlenden Licht.
Ich spüre, wie das strahlende Licht mein ganzes Sein durchdringt und
erfüllt.
In diesem strahlenden Licht leuchtet auch das Licht in mir hell auf –
es ist das Licht meines wahren Selbst.
Das Licht in mir leuchtet hell und wird eins mit dem kosmischen Licht.
Ich bin ganz bewusst eins mit dem Licht.

In dieser Einheit mit dem Licht wird mein Bewusstsein ganz weit.
Höchstes Bewusstsein durchdringt und erfüllt mein ganzes Sein.
Ich bin eins mit dem höchsten Bewusstsein.

In dieser Einheit mit dem Licht erinnere ich mich
an meinen Wunsch und mein Ziel.
Ich sehe das Bild des erwünschten Endzustandes ganz deutlich vor
mir
und wiederhole die vorbereiteten Worte.
Dabei spüre ich ein starkes Gefühl der Freude und Dankbarkeit in mir.
Ich setze so ganz bewusst eine Ursache für mein Leben und ich weiß,
dass die entsprechende Wirkung in meinem Leben bald in Erschei-
nung tritt,
und dafür bin ich dankbar.

Nun sehe ich das Bild des erwünschten Endzustands ganz deutlich vor
mir
und spüre in mir ein starkes Gefühl der Freude und Dankbarkeit.
Ich setze damit im „schöpferischen Bewusstsein" eine Ursache in
mein Leben
und fühle mich wert, die Erfüllung im Jetzt zu empfangen.

Während ich das Bild des erwünschten Endzustands
immer deutlicher vor mir sehe,
spüre ich in mir das starke Gefühl der Freude und Dankbarkeit,
denn ich weiß, dass jetzt die Ursache gesetzt ist
und die erwünschte Wirkung in meinem Leben bald in Erscheinung
tritt.

150

Dafür bin ich dankbar, ich bin aus ganzem Herzen froh und dankbar.

*Dann löse ich mich aus dem Erlebnis und kehre wieder zurück
an die Oberfläche des Seins, zurück ins Hier und Jetzt.*

*Wenn ich bereit bin, öffne ich meine Augen und
bin wieder ganz bewusst im Hier und Jetzt.
Und im Stillen spüre ich, dass mein Wunsch bereits erfüllt ist.
Dafür bin ich dankbar.
Ich bin aus tiefstem Herzen froh darüber und dankbar.*

Was macht das mentale Intuitions-Training so wirkungsvoll?

Es sind die besonderen Kräfte des Menschen. Jeder Mensch verfügt über drei grundlegende schöpferische Kräfte, die sein Leben Tag für Tag bestimmen.

Das Bewusstsein

Gedanken schaffen die Wirklichkeit. Durch Gedanken setzen wir die schöpferische Urkraft in Tätigkeit. Wenn wir unsere Gedanken auf ein Ziel konzentrieren, wirken sie wie ein Laserstrahl. Durch die Harmonie unserer Gedanken bestimmen wir unsere Gesundheit, und dominierende Gedanken bestimmen unser Schicksal. Durch Gedankendisziplin bestimmen wir im Prinzip unser ganzes Leben.

Es gibt nichts auf der Welt, was nicht durch die Gedanken bestimmt oder zumindest mitbestimmt würde. Das mentale Intuitions-Training zeigt uns, wie wir dieses natürliche Potential richtig und wirkungsvoll einsetzen können.

Das Unterbewusstsein

Innere Programme bestimmen unsere unbewussten Handlungen. Durch mentales *Um*erleben tauschen wir unerwünschte Programme gegen erwünschte aus. Gewinnen wir unser Unterbewusstsein zum Freund, beherrschen wir auch unsere unbewussten Energien, die Gefühle. So schaffen wir in uns Freude, Optimismus, Sicherheit, Vertrauen und Glück.

Das mentale Intuitions-Training zeigt uns, wie wir Kontakt zu unserem Unterbewusstsein aufnehmen können, um seine unbegrenzten Möglichkeiten und Fähigkeiten zu aktivieren.

Das Überbewusstsein

Das Überbewusstsein ist unser universeller Ratgeber, mit ihm treffen wir optimale Entscheidungen. Wir erkennen die Vollkommenheit unseres wahren Seins als individualisierten Teil des einen Bewusstseins. Über die Intuition nehmen wir Kontakt auf zu unserer inneren Kraft – und sind in jeder Situation sicher geführt. Der menschliche Geist ist wie ein Fallschirm – er nützt nur, wenn er sich entfaltet.

Diese dritte Macht des Menschen ist gleichzeitig die größte und weitreichendste Kraft, die uns zur Verfügung steht und als „innerer Meister" in Erscheinung tritt.

Das mentale Intuitions-Training zeigt uns, wie wir diese drei Kräfte zusammenführen können, um sie gemeinsam auf ein Ziel zu richten.

Durch die Vereinigung dieser drei Kräfte stehen dem Menschen Möglichkeiten offen, die an Wunder grenzen. Und doch basiert alles auf natürlichen geistigen Gesetzen. Das Mental-Training macht Sie vertraut mit diesen ewig gültigen Gesetzen der Gedankenverwirklichung und ihrer Anwendung.

Die Wissenschaft zeigt uns heute, dass Geist die Materie formt. Je klarer und präziser die geistige Vorstellung ist, desto fester, fast schon dinglicher, wird die gedachte Vision, umso leichter setzt sie sich durch und manifestiert sich als äußere Erscheinung. Eine ähnlich starke Wirklichkeit schaffende Kraft hat das Wort, wenn es gezielt eingesetzt wird. Beide (Bild und Wort) können von modernen Führungskräften benutzt werden, um mündigen Mitarbeitern zu helfen, zur Selbstmotivation zu finden, indem man ihnen in der Firma nicht nur eine Gehaltserhöhung, sondern auch Wege zur Selbstverwirklichung anbietet.

Wort und Bild sind die idealen Instrumente, um geistige Werte zu schaffen, die sich bei entsprechender Konzentration materiell manifestieren. Wer diese Instrumente zu handhaben weiß, kann seinen Mitarbeitern Kraft geben und Richtung weisen, ohne ihre Autonomie zu beeinträchtigen oder ihr Selbstwertgefühl zu reduzieren. Führungskräfte, die Befehle verteilen, sind Führungskräfte von gestern.

Die Aufgabe des Managers von morgen ist es nicht, auf alle Fragen die richtigen Antworten zu haben, sondern vielmehr die richtigen Fragen zu stellen. Das ist keine Frage einer überlegenen Intelligenz, sondern der Qualifizierung der Persönlichkeit. Der erfolgreiche Manager ist eine Persönlichkeit. Und er hat kreatives Verständnis, das heißt, er besitzt die Fähigkeit, unterschiedliche Standpunkte einzunehmen. Ja, er fühlt sich sogar nahezu gezwungen, zum Kern eines Problems vorzudringen und nicht an dessen sichtbaren Symptomen stehenzubleiben. Manager, die kein kreatives Verständnis haben, sehen entweder Wald oder Bäume, aber niemals beides. Fehlt ihnen das kreative Verständnis, verschwenden sie wertvolle Ressourcen, denn sie gelangen nicht an die Wurzeln der Probleme und sind somit nicht in der Lage, erfolgreiche Lösungen aufzuzeigen. Wer die richtigen Fragen stellt, erhält den Schlüssel zum kreativen Verständnis und kann damit hervorragende Strategien entwerfen.

Die geistigen Gesetze

Eine wichtige Grundlage, nicht nur für Führungskräfte, sind die Kenntnisse der geistigen Gesetze. Wer sie kennt und dieses Wissen in sein Leben integriert, versteht sämtliche Zusammenhänge und handelt aus einem ganz anderen Bewusstsein heraus.

Das Gesetz der Harmonie

Dieses Gesetz gleicht die verschiedenartigen Wirkungen aus und sorgt so dafür, dass Harmonie stets erhalten bleibt oder so schnell wie möglich wieder hergestellt wird. Aus diesem Gesetz lassen sich alle anderen Gesetze ableiten, sie sind in ihm enthalten.

Das Gesetz vom Karma *(Sanskrit = das Geschaffene)*
1. Jeder Mensch ist Schöpfer, Träger und Überwinder seines Schicksals. Schicksal ist die Summe unserer Entscheidungen. Somit gibt es weder unverdientes Glück noch unverdientes Leid, sondern nur Ursache und Wirkung.
2. Jeder Gedanke, jedes Gefühl und jede Tat ist eine Ursache, der eine Wirkung folgt. Beherrschen wir unsere Gedanken, beherrschen wir das Gesetz des Karmas.
3. Jede Wirkung entspricht in Qualität und Quantität der Ursache. Es gibt daher weder Zufall noch Belohnung oder Strafe, sondern nur Ursache und Wirkung.
4. Jeder Mensch muss so lange inkarnieren, bis er die Wirkung aller von ihm gesetzten Ursachen erlebt und damit das Gesetz von der Erhaltung der moralischen Energie erfüllt hat.
5. Karma entsteht nur durch Eigenwilligkeit. Jeder Mensch kann sich nur dadurch von Karma befreien, dass er nichts mehr *aus sich heraus* will und nur noch als Werkzeug des Schicksals handelt (= reines, folgenloses Tun).

Das Gesetz der Resonanz *(lat. resonare = zurückklingen)*
Gleiches zieht Gleiches an und wird durch Gleiches verstärkt. Ungleiches stößt ab. Das Stärkere bestimmt das Schwächere und gleicht es sich an. Angst zieht also an, was wir befürchten. Unser Verhalten bestimmt unsere Verhältnisse.

Das Gesetz der Fülle
Jeder kann Fülle nur in dem Maße empfangen, wie er selbst zum Kanal wird, durch den Fülle fließt. Zum Kanal werden wir, indem wir alle Gedanken an Mangel und Begrenzung auflösen. Denn wer da hat, dem wird gegeben, wer da aber nicht hat, dem wird genommen.

Das Gesetz der Gnade
Es ist das unverlierbare Recht des Menschen, jederzeit aus der Unwissenheit herauszutreten, in das Licht der Erkenntnis einzutreten und sein geistiges Erbe der Vollkommenheit anzutreten, indem er sie in sein Bewusstsein nimmt.

Das Gesetz der Vergebung
Wem du vergibst, was er wider dich getan hat, dem ist dies vergeben. In dem Maße, wie wir anderen vergeben, in dem Maße wird auch uns vergeben.

Das Gesetz der Entsprechung *(das Analogiegesetz)*
Wie oben, so unten, wie innen, so außen, wie im Größten, so im Kleinsten. Für alles, was ist, gibt es auf jeder Ebene des Seins eine Entsprechung.

---

* Fußnote: Für eine Vertiefung empfehlen wir Ihnen das Buch „Die geistigen Gesetze" von Kurt Tepperwein, erschienen im Goldmann/Arkana-Verlag.

Zum Schluss

Sie haben gelernt, wie man sämtliche Lebenssektoren zuverlässig testen kann, ob sie aufbauend und stärkend oder belastend und schwächend sind. Sie haben besondere Atemtechniken gelernt, mit denen Sie sich jederzeit aufladen können, wie Sie eine Erfolgsaura schaffen und den erwünschten Erfolg sicher programmieren können. Sie haben auch gelernt, dass man sich von seiner Vergangenheit durch *mentales Umerleben* befreien und jederzeit sicher in sein *schöpferisches Bewusstsein* gehen kann. Vor allem aber haben Sie gelernt, wie man wirksame Ursachen in sein Leben setzt, sein Schicksal und die Umstände seines Lebens selbst gestaltet und damit sein geistiges Erbe antritt. Sie haben erkannt, dass die Wahrheit keinen wissenschaftlichen Beweis braucht und dass die *Wirk*lichkeit so heißt, weil sie *wirkt*, unabhängig davon, ob wir daran glauben oder nicht.

Wir haben nun die Wahl, Wahrheit und Wirklichkeit zu erkennen und mit ihr in Harmonie zu handeln – oder nicht. Wenn nicht, werden wir eben der bitteren Lehre der Erfahrung und des Leides unterworfen. Doch auch diejenigen, die Wahrheit und Wirklichkeit erkannt haben, machen oft den Fehler zu glauben, dass es ja später noch Zeit genug sei, sich darum zu kümmern. Was jetzt zu tun ist, kann aber nur jetzt getan werden. Jeder Augenblick erhält eine Chance, die einmalig ist; wird sie nicht genutzt, ist sie unwiederbringlich vorbei.

Erkenntnisse und Konsequenzen

Niemand kann nach diesem Buch so weiterleben, als sei nichts geschehen. Das Wissen um die Dinge verpflichtet, die Konsequenzen daraus zu ziehen. Denn die Seele ist bereit, diesen Schritt zu tun, aber sie wird auch zur Rechenschaft gezogen, wenn sie die gebotene Chance nicht wahrnimmt und das Wissen um diese Weisheiten nicht lebendig werden lässt. Erkenntnis verpflichtet. Wir werden nicht nur für das

Schlechte, was wir tun, zur Rechenschaft gezogen, sondern auch für das Gute, das wir nicht getan haben, eben weil wir es wussten und deswegen hätten tun können.

Wer etwas weiß, kann noch nichts,
wer etwas kann, ändert noch nichts.
Erst das Tun verändert die Welt.

Verpflichten Sie sich selbst!

Wir wünschen uns, dass Sie, lieber Leser, von nun an um ein großes Stück erfolgreicher sind, als Sie es bis jetzt schon waren. Und wir wünschen Ihnen, dass Sie die zwei Stufen spielerisch meistern: nämlich die *vom Wissen zum Können* – und die *vom Können zum Tun.* Sie könnten sich diesen letzten Schritt noch etwas erleichtern: Was halten Sie davon, wenn Sie eine Art Vertrag mit sich selbst abschließen? Sie verpflichten sich, für etwa einen Monat mentales Intuitions-Training anzuwenden und alles Wissen in die Tat umzusetzen. Nach diesem persönlichen Vertrag ganz mit sich selbst sind Ihre Ergebnisse sicherlich so überzeugend, dass Sie auch in Zukunft so weitermachen. Und wenn Sie es sich irgendwie einrichten können, unterschreiben Sie Ihren Vertrag am besten gleich jetzt. Sind Sie bereit?

Damit Sie im Gefecht des Alltags auch noch erkennen können, was sich in diesen 30 Tagen alles getan hat, wäre es sinnvoll, wenn Sie in dieser Zeit jeden Tag eine kleine Notiz Ihrer Beobachtungen machen – sozusagen als Erfolgskontrolle, ganz für Sie selbst!

1. _____ 16. _____

2. _____ 17. _____

3. _____ 18. _____

4. _____ 19. _____

5. _____ 20. _____

6. _____ 21. _____

7. _____ 22. _____

8. _____ 23. _____

9. _____ 24. _____

10. _____ 25. _____

11. _____ 26. _____

12. _____ 27. _____

13. _____ 28. _____

14. _____ 29. _____

15. _____ 30. _____

Wenn Sie gerade schon dabei sind, Ihr berufliches Leben neu zu gestalten, könnten Sie im gleichen Zug damit beginnen, für die nächsten 30 Tage der *ideale Partner* zu sein. Dazu gehört, den anderen so zu behandeln, als wäre er es schon. Machen Sie das Gleiche entsprechend mit Ihren Kindern, Geschwistern, Eltern usw.

Wir möchten uns nun bei Ihnen
herzlich für Ihre Aufmerksamkeit bedanken.
Vor allen Dingen für Ihr gewandeltes Bewusstsein!
Wir wünschen Ihnen viel Freude damit.

Ihr Kurt Tepperwein und
Felix Aeschbacher

Mentales Intuitions-Training ist…

…eine Möglichkeit zu fliegen,
um in kürzester Zeit am Ziel zu sein!

Anhang

Mentales Intuitions-Training für Führungskräfte

Skeptiker wollen es zwar immer noch nicht glauben, doch mentales und positives Denken findet immer mehr Einzug in die Chefetagen. Das Motto „Wer viel tut, macht auch viele Fehler", das sich in Jahren schnellen Wirtschaftswachstums entwickelt hat, ist überholt. Dieses Denken basierte auf bequemem Sicherheitsverhalten, kam jedoch nicht unbedingt der Umsatzsteigerung und Gewinnmaximierung zugute. In Zeiten harter Wettbewerbskämpfe bringen uns Mottos wie „Think pink" oder „Think positive" wesentlich weiter.

Untersuchungen in großen Unternehmen wie auch in kleinen Büros bringen ans Tageslicht, was manch einer sowieso schon erfahren hat: Mitarbeiter sind immer nur so gut wie der Boss, und eine bequeme, das heißt passive Haltung wirkt sich auf alle Unternehmensbereiche aus. Beobachtungen ergaben, dass es sich immer wieder um die gleichen Führungsfehler handelt. Dies sind hauptsächlich
- unzureichende Information an die Mitarbeiter und folglich schlechte Kommunikation zwischen den einzelnen Abteilungen,
- zu schnelle und oft unsachliche Kritik,
- Teamerfolge werden für sich selbst in Anspruch genommen usw.

Wer in einem solchen Klima arbeitet, verliert schnell die Lust und die Motivation und geht (wie der Chef auch) lieber den sicheren und seit Jahren gewohnten Weg. Kreative Gedanken werden im Keim erstickt, weil deren Durch- und Umsetzung mehr mit Kritik als Lob verbunden ist und im Erfolgsfall der Initiator nichts davon hat (s. o.). Es folgt die innere Kündigung.

Dieses negative Grundverhalten wird heute mehr und mehr durch Mental-Training ersetzt. Mental-Training wurde zuerst von Spitzensportlern genutzt, heute wird es zunehmend von Spitzenmanagern eingesetzt. Mental-Training steigert die geistigen Fähigkeiten. Es besteht aus einer Kombination von verschiedenen Entspannungs- und Konzentrationstechniken, wobei die Hauptschwerpunkte auf der Visualisierung, d. h. der bildhaften Vorstellung der Ziele, und dem positiven Denken liegen. Durch die Kraft der Gedanken kann mehr verändert werden, als gemeinhin angenommen wird. Geprägt von Elternhaus und Schule, wachsen viele Menschen mit einer negativen Grundeinstellung auf. Diese tief verwurzelte Haltung ist für viele von uns normal – oft wird uns gar nicht erst bewusst, dass es auch einen anderen Weg gibt: den Weg der motivierten und bejahenden Lebenseinstellung.

Einer der Grundsätze des Amerikaners Dr. Joseph Murphy, Vater des positiven Denkens, lautet: „Was du ausstrahlst, kehrt zu dir zurück." Eine positive und begeisterungsfähige Einstellung zu den Mitarbeitern hat zwangsläufig zur Folge, dass die Motivation gesteigert, der Einsatz für das Unternehmen vergrößert und die Zusammenarbeit verbessert wird. Das sind Kriterien, die allen Beteiligten zugute kommen.

Auch wenn über positives Denken manchmal noch gerne etwas gelächelt wird – die Erfolge sind nicht mehr von der Hand zu weisen. Wer sich auf ein wichtiges Gespräch bei Abschluss eines Vertrages nicht nur fachlich, sondern auch geistig vorbereitet, hat eindeutig die besseren Karten in der Hand. Wer sich selbst als erfolgreich betrachtet und auf seine eigenen Fähigkeiten vertraut, dessen Ausstrahlung kann sich niemand entziehen. Wer diesen Erfolgsgedanken dann zusätzlich noch mit seiner bildhaften Vorstellung vertieft und durch konkrete geistige Vorstellung seine Ziele im Unterbewusstsein verankert, ist von innen heraus auf Erfolg programmiert.

Das klingt fast zu einfach, um wahr zu sein, doch es funktioniert, wenngleich noch etwas Training dafür erforderlich ist. Ein einfaches Beispiel ist für jeden sofort nachvollziehbar: Ein Autofahrer, der davon überzeugt ist, einen Parkplatz in der überfüllten City zu bekommen, wird ihn erhalten. Ein Pessimist oder ständiger Negativ-Denker, der schon bei der Abfahrt zu Hause davon überzeugt ist, dass er sowieso keinen Parkplatz findet, wird seinen Gedanken genauso verwirklicht sehen. Dieser Negativerfolg bestärkt ihn natürlich in seinem negativen Denken – der Teufelskreis ist perfekt, denn dieser

Mechanismus wirkt in positiver wie negativer Hinsicht gleichermaßen. Doch jeder Mensch hat zu jeder Zeit die Möglichkeit, negative Strukturen aufzulösen und positive Energien zu erkennen und zu nutzen. Mental-Training hilft, Positives gezielt zu aktivieren und zu vertiefen.

Das mentale Training wird in den USA schon seit vielen Jahren auf allen Führungsebenen mit großem Erfolg gelehrt und praktiziert, und auch bei uns ist der Wert dieses Konzepts erkannt worden. Namhafte deutsche und schweizerische Unternehmen manchen ihre Führungskräfte seit geraumer Zeit mit dieser Erfolgsmethode vertraut. Was wird dabei angestrebt?

Es geht grundsätzlich zuerst einmal um die Überprüfung der eigenen Einstellung sich selbst gegenüber, zur Arbeit, zu den Mitarbeitern, zum Erfolg und natürlich zum Unternehmen. Diese Bestandsaufnahme ist Basis für das weitere Vorgehen. Im Vergleich zu anderen Führungsseminaren wird für die einzelne Führungskraft individuell ein Programm erarbeitet, das ihrer Persönlichkeit, der beruflichen und auch der privaten Situation gerecht wird. Der Teilnehmer lernt sich selbst besser kennen und er lernt, sich durch bestimmte Techniken schnell zu entspannen und zu konzentrieren. Kurz gesagt, er kann mit einem stressigen und anstrengenden oft fast 24-Stunden-Tag nicht nur besser fertig werden, sondern er lernt wieder mit anderen zu arbeiten. Es hilft ihm dabei, sich vom reinen ereignisorientierten Denken zu lösen und spontan und intuitiv auf Konflikte zu reagieren sowie Mitarbeiter nicht nur auf der sachlichen, sondern auch auf der persönlichen Ebene anzusprechen. Er lernt, positive Impulse zu setzen und dadurch Motivation zu wecken.

Das mentale Training umfasst ein großes Spektrum, wobei die konkrete Zielsetzung auf jeden Einzelnen abgestimmt ist. Generell werden Tiefenentspannungsmethoden vermittelt, die in kurzer Zeit Stress abbauen und Kreativität fördern. Es wird hierbei ein ganzheitliches Konzept berücksichtigt, denn geistige Entspannung kann nur gelingen, wenn auch der Körper entspannt ist. Disziplin, vor allem Gedankendisziplin, bekommt einen großen Stellenwert. Du bist, was du denkst. Autogenes Training, Meditation und bildhafte Vorstellung in Verbindung mit positiven Bejahungen werden zum Schlüssel für den

Lebenserfolg. Die innere Kraftquelle, die im Unterbewusstsein sitzenden Talente, Bejahungen und Stärken zu erkennen und sie zu aktivieren, ist nicht nur Hauptaufgabe einer erfolgreichen Führungskraft, sondern eines jeden, der sich nicht damit zufrieden gibt, auf seiner Entwicklungsstufe stehenzubleiben.

Das Vorleben einer positiven Lebenseinstellung in Wort und Tat ist für die Mitarbeiter sehr viel glaubwürdiger als leere Durchhalteparolen. Die Fähigkeit, aufbauende Aspekte in jeder Lebenssituation zu erkennen, zeigt neue Möglichkeiten auf, die sonst verborgen geblieben wären. Das gilt auch für den Umgang mit den Mitarbeitern: Positives erkennen und positive Anlagen fördern. Ebenso für die Einstellung Problemen gegenüber: Nur das Wissen, dass jedes Problem eine Chance bietet, macht eine Weiterentwicklung möglich.

Einer selbstbewussten Führungskraft fällt es leicht, ihre Mitarbeiter zu loben; sie hat es nicht nötig, andere zu kritisieren, um sich selbst zu erhöhen. Ein Mitarbeiter, der weiß, dass seine Arbeit gewürdigt wird und dass seine Fähigkeiten erkannt und geschätzt werden, hat das innere Bedürfnis, für seinen Arbeitgeber optimale Leistung zu erbringen. Falls Kritik notwenig ist, bleibt sie sachlich und themenbezogen, hält sich in angemessenem Rahmen und wird niemals persönlich. Die erfolgreiche mentale Führungskraft kann, darf und will Mensch sein, weil sie weiß, wie vieles über die gefühlsmäßige Ebene abläuft. Durch ein nicht autoritäres Verhalten entsteht eine lockere Atmosphäre, die Spontaneität und Kreativität zulässt.

Die Macht und die Kraft der Gedanken in Verbindung mit dem Glauben an die eigenen Fähigkeiten und die beruflichen und persönlichen Ziele sind ein wesentliches Mittel, um Erfolg auf allen Ebenen zu verwirklichen. Zur Motivation der Mitarbeiter ist es nötig, auch ihnen diese konkreten Erfolgsblder zu vermitteln, denn Zielvorgaben, Umsatz- und Gewinnentwicklung, die in Bilder eingebettet sind, wirken nachhaltiger als nacktes Zahlenmaterial. Wer gelernt hat, sich auf das Wesentliche zu konzentrieren, dem gelingt es, seine Arbeit in einem kurzen Zeitraum optimal zu erledigen. Volle Konzentration auf eine Sache, die Fähigkeit, Prioritäten zu setzen (nicht alles, was eilig ist, ist auch wichtig) und konsequent durchzuführen, ermöglichen es, das Arbeitspensum im Allgemeinen während der Bürozeit zu erledigen. Das Arbeiten in der Freizeit sollte Ausnahme bleiben.

All dies ist erreichbar, wenn die inneren Kräfte freigesetzt und richtig eingesetzt werden. In einem tiefen Entspannungszustand, der für jeden Menschen erlernbar ist, kann über den Weg der Selbsterkenntnis das Ziel bestimmt und erreicht werden. Affirmationen, Vorstellungsbilder, Yogaübungen, geistige Übungen, Meditation – all das zusammen macht das mentale Training aus. Es ist unerlässlich für denjenigen, der heute an der Spitze steht, um seine Aufgaben nutzenorientiert zu bewältigen, und unverzichtbar für den, der heute noch in der zweiten Reihe steht, um morgen den Gipfel zu erreichen.

Wollen Sie ihre Kreativität, die Sensitivität, den Zielfindungs- und den Entscheidungsprozess, die Intuitionskraft und andere Faktoren für Ihre tägliche Arbeit erfolgreich einsetzen, dann helfen Ihnen unsere Beratungen und Praxis-Seminare in Ihrer Persönlichkeitsentfaltung spürbar weiter.

Kostenlose und unverbindliche Information über Mental-Trainings- und Intuitions-Trainings-Seminare für Führungskräfte und Unternehmer erhalten Sie bei

Internationale Akademie der Wissenschaften (IAW)
Felix Aeschbacher, Kommunikationstrainer
St. Markusgasse 11
FL-9490 Vaduz
Telefon 0 04 23/233 12 12
Fax 0 04 23/2 33 12 14
www.iadw.com
go@iadw.com

Leserservice

Kurt Tepperwein persönlich oder in einem Heimseminar erleben!
Wünschen Sie tiefer in das Thema dieses Buches einzusteigen, dann empfehlen wir Ihnen die folgende Chance zu nutzen:

Gewünschtes bitte ankreuzen!

Seminare/Ausbildung

☐ Motivationsseminare mit verschiedenen Themen (Tagesseminare)
☐ Ausbildung zum Dipl. Lebensberater/in

Ausbildungen mit Felix Aeschbacher (Lehrbeauftragter von Kurt Tepperwein)

☐ Dipl. Mental-Trainer/in
☐ Dipl. Bewusstseins-Trainer/in
☐ Dipl. Intuitions-Trainer/in
☐ Dipl. Seminarleiter/in
☐ Meditations-Trainer/in (Zertifikat)

Heimstudienlehrgänge

☐ Einführungslehrgang „Die 7 Schritte zur Erfolgspersönlichkeit"
☐ Dipl. Lebensberater/in
☐ Dipl. Mental-Trainer/in
☐ Dipl. Intuitions-Trainer/in
☐ Dipl. Seminar-Leiter/in
☐ Dipl. Erfolgs-Coach/in
☐ Dipl. Gesundheits- und Ernährungsberater/in
☐ Dipl. Partnerschafts-Mentor/in

Gesamtprogramme

☐ Gesamtseminar- und Ausbildungsprogramm IAW
☐ Neuheiten der Bücher, CD und DVD-Programme von Kurt Tepperwein
☐ Gesundheitsprodukte-Programm

Dazu ein persönliches Geschenk:

☐ Die 20-seitige Broschüre „Praktisches Wissen kurz gefasst" von K. Tepperwein

Sie erhalten Ihre gewünschten Informationen selbstverständlich kostenlos und unverbindlich bei:

Internationale Akademie der Wissenschaften (IAW)
St. Markusgasse 11, FL-9490 Vaduz
Telefon 0 04 23/2 33 12 12, Fax 0 74 23/2 33 12 14
Deutschland: Telefon und Fax 09 11/69 92 47 (Beratungssekretariat)
E-Mail: go@iadw.com, www.iadw.com

Weiterführende Bücher
von Kurt Tepperwein

Kraftquelle Mental-Training (Sie selbst bestimmen Ihr Leben)
Ariston-Verlag, 2001

Praxisbuch Mental-Training (Entspannen – Neue Kraft schöpfen)
Ariston-Verlag, 2006

Intuition – die geheimnisvolle Kraft (So nehmen Sie Ihre innere Stimme wahr)
MVG-Verlag, Redline GmbH, 2006

Mit Herz und Verstand alles erreichen (Wachsen Sie über sich hinaus)
MVG-Verlag, Redline GmbH, 2005

Weitere Bücher aus dem Verlag Via Nova:

Im Brennpunkt: Geld & Spiritualität

Ist die Krise der materiellen Welt überwindbar?

Hans Wielens

Paperback, 272 Seiten, 28 Graphiken – ISBN 978-3-936486-49-0

In diesem Buch von Prof. Dr. H. Wielens wird die Krise unserer Gesellschaft als Orientierungs- und Sinnkrise der materiellen Welt verstanden. Wir haben eine künstliche Welt geschaffen, die von Äußerlichkeiten und von einem Machbarkeitswahn geprägt wird. Erforderlich ist daher eine integrierende Spiritualität, die Geld und Wirtschaft als einen positiven Teil unserer Wirklichkeit versteht und die diese mit der spirituellen Dimension vernetzen und verbinden kann. Das Buch ist spannend für spirituelle Menschen, weil sie mit dem wirklichen Wesen des Geldes vertraut gemacht werden, dem wir unsere Individualität und wirtschaftliche Freiheit zu verdanken haben. Es ist wichtig für alle Führungskräfte der Wirtschaft, weil es Wege aufzeigt, wie sie sich voll und authentisch in ihre Unternehmen einbringen können, in deren Eigeninteresse es liegt, sich stärker wertorientiert zu verhalten und sich nach einer Ethik des Seins auszurichten, um dann auch wirtschaftlich bessere Ergebnisse zu erreichen. Das Buch wird heftige Diskussionen hervorrufen und einen interdisziplinären Dialog auslösen.

Schöpferisches Management

Die Weisheit des Veda –
Wie Sie Ihr Leben erfolgreich gestalten

Alois M. Maier

Paperback, 208 Seiten – ISBN 978-3-86616-017-0

Die Gesetze des Managements sind Lebensgesetze und gelten für alle Bereiche des Lebens. Schließlich ist jeder der Manager seines Lebens. Dass dies gut gelingt, dazu möchte dieses Buch beitragen. Management wird hier in einem neuen Licht betrachtet. Management ist eine schöpferische und eine spirituelle Disziplin. Deswegen können die geistigen Gesetze, die im Veda überliefert werden, so hilfreiche Impulse geben. Management, Schöpfersein und Spiritualität gehören notwendig zusammen, und eine Abkoppelung des Managements von den geistigen Gesetzen des Lebens wird niemals zu ganzheitlichem Erfolg führen. Wer die Gesetze des Erfolges anwendet, so zeigt der Autor, wird ganz notwendig seinen Erfolg im Leben finden – und der Erfolg wird auf leichte Weise kommen! Wenn Sie Ihr Leben selbst in die Hand nehmen und zum Gestalter Ihrer eigenen Zukunft werden wollen, dann haben Sie in diesem Buch einen einzigartig praktischen und nützlichen Ratgeber und Begleiter.

Nach dem Kapitalismus

Wirtschaftsordnung einer integralen Gesellschaft

Gil Ducommun

Paperback, 224 Seiten, 14 Grafiken – ISBN 978-3-936486-80-3

Das Buch entwirft die Grundlagen einer integralen Gesellschaft, welche mehr Verwirklichung für alle Menschen und mehr Achtung für die Natur anstrebt. Es geht der Frage nach: Wie sieht eine Wirtschaftsordnung nach dem Kapitalismus aus, auf der Grundlage eines rational-spirituellen Weltbildes? In der integralen Kultur soll der innere, immaterielle Reichtum (körperliche, geistige und seelische Kompetenzen, Kreativität, Konflikt- und Liebesfähigkeit) das Streben nach äußerem, materiellem Reichtum weitgehend ersetzen. Im ersten Teil des Buches wird das philosophische, psychologische und spirituelle Fundament der integralen Kultur entwickelt, welches die rational-materialistische Weltanschauung ablösen kann. Unter "Integration" wird eine notwendige ganzheitliche Transformation des Bewusstseins dargestellt, die schon im Gange ist. Teil zwei beschreibt die ordnungspolitischen Prinzipien einer neuen Wirtschaft und wendet sie in verschiedenen Bereichen an. Das Buch möchte suchende Menschen inspirieren und ermutigen einzugreifen; Jugendliche werden in dieser Vision das Projekt einer lebensdienlichen Gesellschaft erkennen, deren Verwirklichung ihren Einsatz verlangt.

Die Debatte läuft

Ganzheitliche Thesen für Gesellschaft, Wirtschaft und Politik

Christoph Zollinger

Paperback, 240 Seiten – ISBN 978-3-86616-006-4

In diesem Buch entwickelt der Autor eine von der Ganzheit geprägte Vision als Modell für eine Neuorientierung in Gesellschaft, Wirtschaft und Politik im 21. Jahrhundert. Er blendet zurück zu den Anfängen unserer mental/rationalen Welt, jener der alten Griechen, als diese zum wirklichen Denken erwachten und unserer Kultur zu einem gewaltigen Neubeginn verhalfen. Einen breiten Raum der Darstellung nimmt die umwälzende Neuorientierung im Bewusstsein der Menschen ein, die durch Wissenschaft, Computer, Internet, E-Mail und Globalisierung ausgelöst wurde. Auf dieser Grundlage und den umwälzenden Einsichten des Kulturphilosophen Jean Gebser und des bekanntesten Bewusstseinsforschers unserer Zeit, Ken Wilber, entwickelt der Verfasser Modelle, Vorstellungen, Perspektiven, Prinzipien und Lösungsmöglichkeiten als persönliche Vision, um neues, intelligentes Handeln in Gesellschaft, Wirtschaft und Politik zu ermöglichen. Diese visionäre Schau trägt der Entwicklung hin zur Ganzheit und Globalisierung auf allen Gebieten Rechnung und hilft das vorherrschende, dualistische Wirklichkeitsverständnis zu überwinden.

Vom Nutzen ethischer Werte

Im Guten heimisch werden

Ethische Wertvorstellungen in Wirtschaft, Gesellschaft, Politik und Wissenschaft

Joachim Kohlhof

Hardcover, 184 Seiten – ISBN 978-3-936486-48-3

Die Wirtschafts- und Unternehmenskrise in Deutschland ist eine Vertrauenskrise in die Gestaltungsfähigkeit und Innovationsbereitschaft der in Politik und Wirtschaft Verantwortlichen. Prof. Dr. Joachim Kohlhof weist in diesem Buch den Weg, den vermeintlichen Widerspruch von Ethik und Wirtschaft aufzuheben. Er definiert die ethischen Bedingungen, mit denen die Unternehmen auf Dauer im Markt erfolgreich agieren können, und beschreibt, wie die Politik wieder durch verantwortungsbewusstes Handeln Vertrauen in der Bevölkerung zurückgewinnen kann. Sie bilden die Basis für eine nachhaltige, auf ethische Werte, Normen und Haltungen gründende Werteorientierung mit dem Ziel einer gerechten und menschenwürdigen Zukunft. Das Buch ist daher Wegbegleiter auf einer ethisch ausgerichteten Wirtschafts- und Unternehmensorientierung. Da in diesem Buch Wege aus der Krise zu einer nachhaltigen Verbesserung der gesellschaftlichen und wirtschaftlichen Situation aufgezeigt werden, ist dieses Buch für jeden verantwortungsbewussten Menschen unserer Zeit von Bedeutung, der mithelfen will, eine bessere Zukunft zu gestalten.

Die Neugestaltung der vernetzten Welt

Global denken – global handeln

Ervin Laszlo

Hardcover, 176 Seiten – ISBN 978-3-936486-66-7

Die Bereitschaft zum nüchtern und wissenschaftlich fundierten, gleichwohl aber mutig visionären „globalen Denken" nimmt in allen Bereichen der Gesellschaft erfreulich zu. Die Erde ist zu unserer einen Heimat geworden und dementsprechend ist unsere Verantwortung: für die „Einheit in der Vielfalt" von der Biosphäre bis zum feinsinnigen Beziehungsgeflecht der Menschheit. Ervin Laszlo, Zukunftsforscher und Vordenker eines neuen Denkens, zeigt in seinem neuen Buch, wie sich neue Denkstrukturen der Vernetzung, Gleichgewichte und Entwicklungsgesetze parallel in allen Wissenschaften wie im gesellschaftlich-politischen Denken immer mehr durchsetzen. Diese verändern nicht nur unser Welt- und Menschenbild aufs Neue und zutiefst. Das neue Denken, das Laszlo in diesem Buch beschreibt, gibt uns viel von unserer Gestaltungskraft zurück. Der Autor zeigt die Grundzüge einer entschieden neu orientierten Wirtschaft, Wissenschaft, Kultur und Politik.

Die Kraft gelebter Visionen

Mit Liebe und Erfolg zu neuen Perspektiven

Stephan Petrowitsch

Paperback, 248 Seiten
ISBN 978-3-936486-65-0

Wahrer Erfolg basiert darauf, eine individuelle, kraftvolle Vision zu entwickeln, sich seiner wahren Ziele und Lebensaufgabe bewusst zu werden und an sich selbst gezielt zu arbeiten. Der Leser erfährt in diesem Buch sowohl, was ihn bisher daran gehindert hat, diese Aufgaben zu erkennen, als auch, wie er seine Ziele finden und umsetzen kann. Die vorgestellten Methoden verbinden uralte spirituelle Überlieferungen mit den Erkenntnissen der Quantentheorie und bringen diese in Einklang mit einem neuen, göttlichen Menschenbild. Ein solcher Mensch berücksichtigt in seinem Handeln nicht nur das eigene Wohl, sondern auch die Bedürfnisse der Umwelt, anderer Menschen und Lebewesen. Das Buch zeigt, wie unser Geldsystem diese Verantwortung für unsere Mitwelt unterdrückt. Ein existierendes Modell im Bereich des Geldsystems, das gleichzeitig unsere derzeitige Wirtschafts- und Gesellschaftskrise schrittweise lösen könnte, weist uns den Weg aus den herrschenden Missständen.

Kultur des Wohlwollens

Aus der Kraft des Herzens leben

Helga Kerschbaum

Hardcover, 248 Seiten
ISBN 978-3-936486-45-2

Die Kultur des Wohlwollens will in einer Zeit der Pluralitäten, Multipolaritäten und Spaltungen ein Bewusstsein für das „allen Gemeinsame" bilden und auch jene Einheit bewusst machen, die erst alle Vielheit schafft. Sie sucht das Verbindende, die gemeinsame Wurzel der Kulturen und Religionen. Sie beruht auf einem Wohlwollen, das in der Spiritualität grundgelegt ist und auch als „aktives Mitgefühl" bezeichnet werden kann. „Kultur des Wohlwollens" beschreibt das kultur- und religionsübergreifende Urmuster des allem zugrunde liegenden Seins. Aus diesem wird eine Ethik, die zu Handlungsweisheit führt, entwickelt. Aus einer holistischen Weitsicht und den großen spirituellen Menschheitserfahrungen werden jene Segenswerte formuliert, die zu den fundamentalen Bedürfnissen gelungenen Lebens gehören. „Darin liegt aber gleichzeitig die Stärke dieses Buches, dass es Einsicht und Motivation bringt, die aus der Tiefe unseres Menschseins kommen. Die Liebe und die Sorge um unsere Spezies hat dieses Buch geschrieben." Willigis Jäger in seinem Geleitwort

Erfolg fällt nicht vom Himmel
...oder vielleicht doch?

Andreas Nemeth

Paperback, 176 Seiten
ISBN 978-3-86616-051-4

Dieses Buch beschreibt, wie man mit einem ganz einfachen Mechanismus persönliche Blockaden in persönliche Stärken umwandelt. Der Mechanismus der Protestauflösung wurde von Andreas Nemeth entwickelt und ist bisher nur in seinen beiden Büchern: „Glücklichsein in jeder Lebenssituation" und „Erfolg fällt nicht vom Himmel!" veröffentlicht worden. Dieses Buch unterscheidet sich von anderen Ratgebern dadurch, dass der Autor dem Leser immer wieder Tipps gibt, wie man mit einer ganz besonderen Lebenseinstellung, seine Wahrnehmung, seine Kreativität und sein Glücks- und Erfolgspotenzial fördern kann. Das Buch „Erfolg fällt nicht vom Himmel!" ersetzt ein mehrtägiges Coaching, da es mit Checklisten angereichert ist, die den persönlichen Coach ersetzen. Der Zusammenhang zwischen Glück und Erfolg wird nicht nur philosophisch, sondern mit Hilfe konkreter und lebensnaher Beispiele verdeutlicht. Resümee: Unseres Wissens existiert kein weiteres Buch auf dem Markt, das philosophische Ansätze mit so konkret umsetzbaren Tipps verbindet.

Erfolg kommt von innen

Chuck Spezzano

Hardcover, 232 Seiten
ISBN 978-3-86616-019-4

Das neue Buch des bekannten Lebenslehrers Chuck Spezzano ist von wegweisender Bedeutung für alle Menschen, die ihr Leben erfolgreich gestalten wollen. Anders als viele andere Bücher, die das Thema „Erfolg im Leben" aus einer äußeren Sichtweise behandeln, schlägt Dr. Spezzano seinen Lesern vor, mit der machtvollen Kraft ihres Geistes und ihres Herzens von innen heraus zu Erfolg und Fülle zu gelangen. Auf seine typische, unnachahmlich humorvolle Art legt er dar, welche Schwierigkeiten die Menschen daran hindern, wirklich erfolgreich zu sein, und welche Strategien dem Einzelnen zur Verfügung stehen, um diese Schwierigkeiten zu überwinden. In 100 in sich abgeschlossenen Lektionen erfährt der Leser nicht nur, wie er die Probleme, die seinen Erfolg behindern, erfolgreich heilen und transformieren kann. In die einzelnen Kapitel integrierte praktische Übungen ermöglichen es ihm außerdem, die gewonnenen Erkenntnisse mühelos in den Alltag zu transportieren.

Effektiv und mit Leichtigkeit lernen

Eine praktische Anleitung für erfolgreiches Lernen

Martin R. Mayer

Paperback, 208 Seiten, über 50 Grafiken
ISBN 978-3-86616-032-3

Dieses Buch ist für alle, die effektiv, mit Freude und besserem Erfolg lernen wollen, für Schüler der Oberstufe, Studenten, Azubis und Handwerker, eigentlich für alle lernfreudigen Menschen. Es ist so geschrieben, dass jeder ab 17 Jahren es verstehen sollte. Auch Eltern und Lehrer finden hier eine Fülle von Anregungen, wie sie ihre Kinder und Schüler beim Lernen unterstützen können. Das Buch berücksichtigt die neuesten Erkenntnisse der Gehirnforschung und Techniken aus den verschiedensten Gebieten wie Kinesiologie, NLP, Feldenkrais usw. und ist dabei verständlich und amüsant geschrieben. Es bietet eine Fülle von Anregungen, die das Lernen effektiv und angenehm machen können. Das Buch behandelt auch, wie man Prüfungen erfolgreich besteht und verständlich und lebendig schreiben kann. Es stellt einen Zusammenhang zwischen Lernen, Denken und Kreativität her und bietet so mehr Wahlmöglichkeiten zum kreativen Selbstausdruck und damit zur Selbsterkenntnis. Der ganzheitliche Ansatz verbindet, Körper, Geist und Gefühle mit dem Lernen.

Räum dein Leben auf!

100 % mehr Lebensfreude

Matt Galan Abend

Hardcover, 144 Seiten, 41 z.T. ganzseitige Zeichnungen,
ISBN 978-3-86616-060-6

Der Mensch ist eingeschlossen in ein Gefängnis aus Konditionierungen, wie „man" zu sein hat, was „man" tut, was „man" von ihm erwartet, was „man" von ihm denkt usw. Der Mensch „kämpft" um alles und jedes, um sein Ansehen, um sein Geld, um seine Gesundheit, seine Sicherheit, seinen Arbeitsplatz oder was auch immer. Leichtigkeit, Lebenslust und Lebensfreude bleiben dabei meist auf der Strecke. Wenn wir gründlich Hausputz halten, wenn wir uns aus dem Dickicht unserer Konditionierungen befreien, wenn wir endlich aufräumen und das berühmte „Man" aus unserem Leben verbannen, wenn wir die Sorge darum verlieren, wie andere über uns denken, wenn wir die Angst überwinden, unseren Partner, unseren Job oder gar unser Geld zu verlieren, wenn wir den Maßstab in uns selbst und nicht im Außen finden, kann dies so etwas wie unsere zweite Geburt sein. Aber diese Änderung kann immer nur von innen nach außen, und niemals von außen nach innen erfolgen. Die vielen künstlerischen Zeichnungen von Annette Kramer unterstützen die eindringlichen Aussagen des Buches.